高等数学教学方法与应用新研究

张善民 ◎ 著

U0222054

中国纺织出版社有限公司

内 容 提 要

高等数学是高校中一门重要的基础课，对各领域的发展有重要作用。本书立足高等数学教学，重点介绍了高等数学教学设计、教学方法及创造性思维的培养。本书论述严谨，结构清晰，内容丰富，具有较强的实践性，高校高等数学教师可以从书中获得对教学方法和应用研究有关的新感悟。

图书在版编目（CIP）数据

高等数学教学方法与应用新研究 / 张善民著 . -- 北京：中国纺织出版社有限公司，2024.5
ISBN 978-7-5229-1771-9

Ⅰ . ①高… Ⅱ . ①张… Ⅲ . ①高等数学 – 教学法 – 研究 Ⅳ . ① 013-42

中国国家版本馆 CIP 数据核字（2024）第 094147 号

责任编辑：于 泽 史 岩　　　　责任校对：高 涵
责任印制：储志伟

中国纺织出版社有限公司出版发行
地址：北京市朝阳区百子湾东里A407号楼　邮政编码：100124
销售电话：010—67004422　传真：010—87155801
http://www.c-textilep.com
中国纺织出版社天猫旗舰店
官方微博 http://weibo.com/2119887771
天津千鹤文化传播有限公司印刷　各地新华书店经销
2024年5月第1版第1次印刷
开本：710×1000　1/16　印张：12.25
字数：201千字　定价：99.90元

| 前言 |

    高等数学是普通高等院校一门重要的基础课，随着数学学科自身的发展以及与其他各学科专业的交叉融合，高等数学的知识在文、史、理、工、农、医等各领域的专业方向中均有所涉及并且不断发展，故而高等数学作为非数学专业的基础课程，其重要性是不言而喻的。

    高等数学是研究客观世界数量和空间关系的科学，是人们认识世界和改造世界强有力的武器，它具有完整的知识体系，作为一种工具架起认识和研究其他学科发展的桥梁。高等数学还是一种认知世界的思维模式，许多实际问题都需要转化为数学问题来分析、判断和解决。同时，作为一门重要的基础课程，高等数学更是培养学生思维能力和创造力的最佳学科。

    本书立足高等数学教学，主要研究高等数学教学方法与应用，从高等数学教学概述入手，针对高等数学教育、高等数学的原理、高等数学教学要素进行了分析研究；对高等数学教学设计、数学方法论视角下高等数学教学方法、高等数学多元化教学方法、教育技术视角下高等数学教学方法做了一定的介绍；最后剖析了思维创新在高等数学中的应用等。本书论述严谨，结构合理，条理清晰，内容丰富，对高等数学教学方法与应用研究有一定的借鉴意义。

    本书在撰写过程中吸取了国内众多专家、学者的大量理论研究成果，在此表示诚挚的谢意！由于作者水平有限，错误和不当之处在所难免，恳请广大读者在阅读中多提宝贵意见，以便本书不断修改和完善。

张善民

2024 年 1 月

| 目录 |

第一章　高等数学教学概述

第一节　高等数学教学

一、高等数学教学能力培养

（一）数学能力的概念与结构

1.数学能力的概念

数学能力是顺利完成数学活动所具备的直接影响其活动效率的一种个性心理特征。它是在数学活动中形成和发展起来的，是在这类活动中表现出来的比较稳定的心理特征。

数学能力是一项重要的技能，它不仅是在学校里学习数学知识的能力，更是一种思维方式和解决问题的能力。具备良好的数学能力意味着能够理解和运用数学原理来分析和解决复杂的问题。同时，数学能力还可以培养人的逻辑思维能力、抽象思维能力和创造力，对日常生活和职业发展都具有重要意义。因此，无论是在学习、工作还是生活中，提升数学能力都是值得投入时间和精力的重要任务。

2.数学能力与数学知识、技能的关系

（1）智力与能力的关系

智力与能力都是成功地解决某种问题（或完成任务）所表现出来的个性特征。智力与能力作为个性的特质，体现了个体的差异。我们通常说的"能力有大小"，指的就是这种个体差异。而智力往往用来阐明"聪明"与"愚笨"。判断智力与能力的高低首先要看解决问题的水平。这也是学校教育为什么要培养学生分析问题和解决问题能力。智力与能力所表现的良好适应性，出自有能力地完成任务，即主动积极地适应，使个体与环境相协调，达到认识世界、改造世界的目的。智力与能力的本质就是适应，使个体与环境达到平衡。

智力与能力是有一定区别的。智力偏于认识，它着重解决知与不知的问题，是保证有效地认识客观事物的稳固的心理特征的综合；能力偏于活动，它着重解决会与不会的问题，是保证顺利地进行实际活动的稳固的心理特征的综合。但是，认识和活动总是统一的，认识离不开一定的活动基础，活动也必须有认识参与。所以智力与能力是一种互相制约、互为前提的交叉关系。

（2）数学能力与数学知识、技能的关系

数学能力、数学知识和数学技能之间存在密切的关系。

数学知识是指掌握的数学理论、概念、公式和定理等基础内容，它是提高数学能力和技能水平的基础。通过学习数学知识，我们能够了解数学的基本原理和规律，掌握解决问题的方法和技巧。

数学技能是指运用数学知识解决问题的能力，包括数学计算、建模、推理、证明等方面的技能。这些技能可以通过练习和实践逐渐培养和提高，能够帮助我们在实际情况中灵活运用数学知识，解决各种复杂的数学难题和现实生活中的问题。

而数学能力则是指综合运用数学知识和技能，独立思考、分析和解决问题的能力。它包括数学思维、逻辑思维、创造性思维等方面，能够帮助我们更深入地理解数学的本质，应对更加复杂和抽象的问题。数学能力需要经过不断地学习、实践和思考，通过解决各种问题来培养和提升。

综上所述，数学知识、技能和能力是相互关联、相互促进的，它们共同构成了数学学习和应用的基础，对于个人学习、工作和生活都具有重要意义。

3.确定数学能力成分的标准

（1）数学能力成分的确定应当满足成分因素的相对完备性

确定数学能力的成分因素时，应当考虑成分因素的相对完备性。这意味着需要充分考虑数学能力的各个方面，并确保所选取的成分因素全面覆盖数学能力的不同维度。这些维度包括数学思维能力、逻辑推理能力、问题解决能力、抽象思维能力等。只有这些方面得到充分的考虑和涵盖，才能确保所确定的数学能力成分因素是相对完备的。

在确定数学能力成分因素时，还需要考虑不同层次和不同领域的数学能力。

数学能力在初等数学、高等数学及应用数学等不同领域会有所不同，因此需要根据具体情况选择相应的成分因素。此外，还需要考虑数学能力的发展和提高过程中涉及的因素，如学习动机、学习策略、数学信念等，这些因素也应该被纳入数学能力成分因素的考虑范围内。

总之，确定数学能力的成分因素时，需要确保考虑数学能力的各个方面，以及不同层次和不同领域的特点，从而使所确定的成分因素具有相对完备性，能够全面反映数学能力的本质和特点。

（2）数学能力成分的确定要有明确的目标性

在确定数学能力的成分时，必须具备明确的目标性。这意味着需要清晰地定义所要实现的数学能力目标，并据此选择相应的成分因素。这些目标应该是可量化、可操作的，能够帮助我们更好地评估和衡量数学能力的提升情况。

确定目标性的成分因素有助于指引个体在数学学习和实践中的方向，帮助他们集中精力和资源，有针对性地提升数学能力。例如，如果目标是提高数学问题解决能力，那么成分因素包括问题分析能力、数学建模能力、解题技巧等方面；如果目标是提升数学创造力，那么成分因素包括数学发现能力、创新思维能力等方面。

设定明确的数学能力目标，可以帮助个体更加有针对性地进行数学学习和训练，提高学习效率和效果。同时，目标性的成分因素也有助于教育者和教学设计者更好地设计教学内容和活动，使其更贴近实际需求和学习目标。

综上所述，确定数学能力成分时必须具备明确的目标性，这有助于指导学习者和教育者更好地进行数学学习和教学，提高学习效果和教学质量。

（3）数学能力成分应具有相对的独立性

在确定数学能力成分时，需要确保这些成分具有相对的独立性。这意味着所选择的各个成分因素在描述和评估数学能力时应该是相对独立的，彼此之间不应该存在过多的重叠或依赖关系。

确保成分的相对独立性有助于更准确地评估数学能力的各个方面，避免因为重复考虑某一方面而导致评估结果有所偏颇。例如，如果数学能力成分中包含两个高度相关的因素，那么在评估时会给予这些因素过多的权重，从而影响对数学能力的全面评价。

另外，相对独立的成分因素也有助于更好地识别和分析个体的数学能力特点。通过对各个成分因素的单独评估，可以更清晰地了解个体在不同方面的数学能力水平，从而有针对性地进行培养和提高。

最重要的是，确保数学能力成分的相对独立性有助于保持评估的客观性和准确性。如果成分因素之间存在过多的重叠或依赖关系，评估结果会受到主观因素的影响，从而降低评估的可信度和有效性。

因此，在确定数学能力成分时，应该注重各个因素之间的相对独立性，以使评估结果更加客观、准确和可靠。

（二）数学能力的培养

1.培养数学能力的基本原则

（1）启发原则

教师通过设问、提示等方式，创造独立解决问题的情境和条件，激励学生积极参与解决问题的思维活动，使参与思维成为核心。这种启发式的教学方法有助于激发学生的兴趣和求知欲，促进他们主动思考和学习。

（2）主从原则

教师根据教材特点，确定每一章、每一节课应重点培养的 1～3 种数学能力。通过与教材内容和数学活动的关联特点相结合，教师确定重点培养的数学能力，使教学目标更加清晰明确，让学生学习更加有针对性和有效性。

（3）循序原则

认识能力的培养与发展是一个渐进、有序的积累过程，由初级水平向高级水平逐步提高。因此，教学应循序渐进，确保学生在掌握基础能力的基础上逐步提高数学能力，实现能力的有序发展。

（4）差异原则

教师根据学生的不同素质和现有能力水平，对学生提出不同的能力要求，采取不同的方法和措施进行培养，即因材施教。教师及时了解教学效果，随时调整教学方法和内容，以满足不同学生的学习需求。

（5）情意原则

注重培养学生的情感态度和情绪管理能力，创设良好的学习氛围，激发学生的学习热情和积极性，增强他们的学习信心和自信心。同时，培养学生的团队合作意识和社会责任感，促进他们的综合素质全面发展。

　　这些原则共同构成了数学能力培养的基本框架，有助于教师和学生在教学实践中更好地实现教学目标，提高学生的数学素养和能力水平。

　　2. 培养数学能力的策略

　　（1）能力的综合培养策略

　　①综合性学习方法。采用多元化的学习方法，如问题解决、探究式学习、案例分析等，提高学生综合运用数学知识和技能解决实际问题的能力。

　　②拓展性学习环境。创设多样化、开放性的学习环境，包括数学竞赛、数学建模、数学实验等活动，激发学生的兴趣，培养他们的创新精神和团队合作能力。

　　③跨学科整合。将数学知识与其他学科知识相结合，培养学生跨学科思维和能力，如数学与物理、计算机科学等学科的交叉应用。

　　（2）特殊数学能力的培养策略

　　①推理能力培养。通过解题训练、证明题目训练等方式，培养学生的逻辑思维能力和推理能力，使其能够进行准确、严谨的数学推理。

　　②问题解决能力培养。鼓励学生多解一题、变换解法、独立解题等，培养学生分析与解决问题的能力，提高其应对各类数学问题的能力。

　　③抽象思维能力培养。引导学生从具体问题中抽象出数学模型，进行抽象思维训练，培养学生的抽象思维能力和数学建模能力。

　　④创造性思维能力培养。鼓励学生进行数学探索和发现，提供开放性的问题和挑战，培养学生的创造性思维和解决复杂问题的能力。

　　这些培养策略旨在全面提升学生的数学能力，同时，特别关注和加强学生在特定数学能力要素上的训练和提高，使其具备扎实的数学基础和全面的数学能力，能够应对不同的数学问题和挑战。

二、数学概念与命题

（一）数学概念

　　1. 数学概念概述

　　（1）概念的定义

　　在哲学上，概念被理解为人类对事物本质特征的反映，因此，概念的形成过程被视为人对事物本质特征的认识过程。在数学中，这一观点被延伸应用，数学概念被视为对数学研究对象的本质属性的反映。

数学研究对象具有抽象的特点，因此，数学依靠概念来确定研究对象。数学概念被认为是数学知识的根基和脉络，是构成各个数学知识系统的基本元素。正是通过对数学概念的准确理解，人们才能掌握数学知识的关键，并基于这些概念分析、推理和解决各类数学问题。

在数学中，一切分析和推理都依赖理解概念和应用概念进行。因此，概念在数学中是进行数学思维和解决各类数学问题的基础。数学概念的准确理解和应用是进行数学学习和研究的关键，也是推动数学知识发展和应用的基础。

（2）概念的内涵与外延

任何概念都有含义或者意义。例如"平行四边形"这个概念，意味着是"四边形""两组对边分别平行"，这就是平行四边形这个概念的内涵。任何概念都有所指。例如，三角形这个概念就是指锐角三角形、直角三角形与钝角三角形的全体，这就是概念的外延。因此，概念的内涵就是指反映在概念中的对象的本质属性，概念的外延就是指具有概念所反映的本质属性的对象。

内涵是概念的质的方面，它说明概念所反映的事物是什么样子的，外延是概念的量的方面，通常说的概念的适用范围就是指概念的外延，它说明概念反映的是哪些事物。概念的内涵和外延是两个既密切联系又互相依赖的因素，每一科学概念既有其确定的内涵，也有其确定的外延。因此，概念之间是互相区别、界限分明的，不容混淆，更不能偷换，教学时要明确概念。从逻辑的角度来说，明确概念的基本要求就是要明确概念的内涵和外延，即明确概念所指的是哪些对象，以及这些对象具有哪些本质属性。只有对概念的内涵和外延两方面都有准确的了解，才能说概念是明确的。

2.数学概念的分类

数学概念可以根据其性质、特征和用途进行分类。以下是一些常见的数学概念分类方式：

①基本概念与衍生概念。基本概念是构建数学体系的基础概念，如数字、几何图形、函数等；而衍生概念则是由基本概念推导出来的概念，如导数、积分等。

②抽象概念与具体概念。抽象概念是对一类事物的抽象描述，如集合、群、环等；具体概念则是对具体事物的描述，如三角形、多项式等。

③直观概念与形式概念。直观概念是根据直观经验产生的概念，如形状、大小等；形式概念是在严格的逻辑和定义下产生的概念，如数学定理、证明等。

④逻辑概念与运算概念。逻辑概念是指与逻辑推理相关的概念，如命题、命题逻辑等；运算概念是指与数学运算相关的概念，如加法、乘法、求导等。

⑤几何概念与代数概念。几何概念是指与空间、形状相关的概念，如直线、圆、多边形等；代数概念是指与数量和符号运算相关的概念，如方程、多项式、函数等。

⑥连续性概念与离散性概念。连续性概念是指与连续性质相关的概念，如实数、连续函数等；离散性概念是指与离散性质相关的概念，如整数、离散函数等。

⑦数学结构概念。数学结构概念是指描述数学对象之间关系和性质的概念，如拓扑空间、向量空间、群等。

这些分类方式可以帮助我们更好地理解和组织数学知识，从而将其更有效地应用于数学研究和解决实际问题中。

3.数学概念定义的结构、方式和要求

（1）定义的结构

数学概念定义通常包括名称、描述对象、特征或属性、条件或限制、符号表示。名称明确标识概念，描述对象指明该概念所涉及的数学对象或事物，特征或属性列举了概念的重要性质，条件或限制则明确了概念的适用范围，符号表示提供了简洁的数学符号或表示方式。这种结构确保了定义的准确性和清晰度，使读者能够准确理解和运用数学概念。

（2）定义的方式

①邻近的属加种差定义。在这种定义方式中，首先确定了概念的邻近的属概念，即与该概念相似但不完全相同的概念。然后指出该概念与其属概念不同的属性，即种差，来具体定义该概念。例如，将矩形定义为"一个角是直角的平行四边形"。

②发生定义。这是邻近的属加种差定义的一种特殊形式，它以被定义概念所反映的对象产生或形成的过程作为种差来下定义。例如，将圆定义为"由一定线段的一个动端点在平面上绕另一个不动端点运动而形成的封闭曲线"。

这两种定义方式都有特定的应用场景，能够帮助人们准确理解和描述数学概念。

（3）定义的要求

①清晰性。定义必须清晰，即所选用的概念必须完全确定。循环定义是不被允许的，因为它导致定义项直接或间接地包含被定义项，从而缺乏明确性。

②简明性。定义要简明，即属概念应是被定义项邻近的概念，并且种差是独立的。复杂或不明确的定义会导致理解困难，应避免使用。

③适度性。定义要适度，即所确定的对象必须一致，不应发生矛盾。在定义同一概念时应保持一致性，不应与其他概念的定义相矛盾，以维护数学体系的一致性和准确性。

这些要求确保了定义的明确性、简洁性和逻辑一致性，使定义能够准确地描述数学概念，为数学推理和研究提供坚实的基础。

（二）数学命题

1. 判断和语句

判断是对思维有所肯定或否定的思维形式。例如，对角线相等的梯形是等腰梯形，三个内角对应相等的两个三角形是相似三角形，指数函数不是单调函数等。

由于判断是人的主观对客观的一种认识，所以判断有真有假。正确地反映客观事物的判断称为真判断，错误地反映客观事物的判断是假判断。

判断作为一种思维形式、一种思想，其形式和表达离不开语言。因此，判断是以语句的形式出现的。

2. 命题特征

判断处处可见，因此命题无处不在。例如在数学中，"正数大于零""负数小于零""零既不是正数，也不是负数"就是最普通的命题。命题就是对所反映的客观事物的状况有所断定，它或者肯定某事物具有某属性，或者否定某事物具有某属性，或者肯定某些事物之间有某种关系，或者否定某些事物之间具有某种关系。如果一个语句所表达的思想无法断定，那么它就不是命题，因此，"凡命题必有所断定"，可看作命题的特征之一。

第二节　高等数学教学的原理

一、问题驱动原理

高等数学教学中的问题驱动原理是指通过提出问题来推动数学学习和研究的一种方法论。这一原理强调学习者通过解决问题来探索数学知识和技能，从而增强对数学的理解和运用能力。

首先，问题驱动原理能够激发学习者的兴趣和求知欲。通过提出具有挑战性和启发性的问题，学习者被迫思考和探索，从而激发对数学的兴趣和热情。

其次，问题驱动原理有助于培养学习者的问题解决能力。在解决问题的过程中，学习者需要分析问题、提出假设、寻找解决方案，并进行验证。这种反复思考和实践的过程能够锻炼学习者的逻辑思维和创造性思维，提高他们解决问题的能力。

最后，问题驱动原理还能够促进学习者对知识的整合和应用。在解决问题的过程中，学习者需要综合运用各种数学概念、原理和方法，将抽象的数学理论与具体的问题情境相结合，从而加深对数学知识的理解和记忆，培养了学习者的综合运用数学知识的能力。

总之，问题驱动原理将学习者置于解决实际问题的情境中，通过探索和实践来推动数学学习和研究的进行，是高等数学教学和研究中一种重要的方法和理念。

二、适度形式化原理

高等数学教学的适度形式化原理是指在数学学习和研究中，对数学概念和理论进行适度的形式化和抽象化，以便深入理解和推理，同时保持与实际问题的联系和应用的可行性。这一原理强调了在数学研究中，形式化和抽象化是必要的，但也需要保持适度，避免过度形式化导致脱离实际情境。

首先，适度形式化原理强调了数学概念和理论的形式化是必要的。通过形式化，数学概念可以被清晰、精确地定义，并建立起严密的逻辑体系，有助于数学研究的严谨性和精确性。例如，通过将实数定义为柯西序列的等价类，可以严格地定义实数，并建立起实数的完备性和连续性理论。

其次，适度形式化原理强调了形式化和抽象化的适度。虽然形式化和抽象化可以使数学概念更加通用和抽象，但过度形式化会导致脱离实际情境，使数学理论变得晦涩难懂，难以应用于解决实际问题。因此，在形式化和抽象化时需要保持适度，保持与实际问题的联系和应用的可行性。

最后，适度形式化原理强调了数学理论的实用性和应用性。数学是解决实际问题的有力工具，因此数学理论的形式化和抽象化应该服务于实际问题的解决，而不是脱离实际问题。适度形式化原理的提出，旨在促进数学研究的实际应用，推动数学理论与实际问题相结合。

三、数学建模原理

（一）数学建模的基本理论

1. 数学模型的概念和特征

所谓数学模型，是指对实际问题进行分析，经过抽象、简化后所得出的数学结构，它是使用数学符号、数学表达式及数量关系对实际问题简化而进行关系或规律的描述。数学模型就是用数学语言描述和模仿实际问题中的数量关系、空间形式。这种模仿是近似的，但又尽可能逼近实际问题。

数学模型的特征如下：

①不断发展性。数学模型是不断发展的，最初可能很简单，但随着与实际情况的对照和修正，可以逐渐逼近客观情况。

②多样性。数学模型并不唯一，因为建模过程中存在主观因素，不同的人会得出不同的模型。好的模型会得到不断发展，而不好的模型则会被淘汰。

③模拟性。数学模型是对实际问题的模拟或模仿，是对事物进行抽象化、简单化的数学结构。在建模过程中，会舍弃次要因素，找出事物最本质的内容。然而，通常难以建立与实际情况完全吻合的数学模型。

④教学特点。数学建模教学不同于传统的数学教学。学生在掌握基本知识和

方法的基础上，通过解决实际问题来学习数学。学生可以独立或合作解决问题，并且对同一问题会得出不同的数学模型。这种教学方法将现实问题引入教室，让学生在实践中学习数学，培养了学生的动手动脑能力和解决问题的能力，同时增强了学生对数学的兴趣和好奇心。

2. 数学建模的含义

数学建模是解决各种实际问题的一种思考方法，它从量和型的角度考查实际问题，尽可能通过抽象（或简化）确定主要的参量、参数，应用与各学科有关的定律、原理建立起它们的某种关系，这样一个明确的数学问题就是某种简化了的数学模型。

3. 数学建模的一般步骤

（1）问题定义

明确解决的实际问题，并确立建模的目标和范围。在这一阶段，需要对问题进行全面的了解，包括问题的背景、相关数据、可能的限制条件等。

（2）建立数学模型

根据问题的特点和需求，选择合适的数学方法和工具，将实际问题抽象为数学问题，并建立相应的数学模型。这一阶段通常包括确定变量、建立方程或确定函数关系等步骤。

（3）模型求解

对建立的数学模型进行求解，得到数学上的解析解或数值解。求解方法可以包括数值计算、优化算法、微积分技术等。

（4）模型验证与评估

将求解得到的结果与实际情况进行比较，验证模型的准确性和可靠性。同时，对模型的有效性和适用性进行评估，检查模型能否很好地描述实际问题，并分析模型的局限性和改进空间。

（5）模型分析与解释

对模型的求解结果进行分析和解释，探讨结果的意义和影响，理解数学模型对实际问题的解释能力，并从中提取有用的信息和见解。

（6）模型应用与推广

将建立的数学模型应用于实际问题的解决中，提供决策支持或问题解决方案。同时，根据建模过程中的经验和教训，对模型进行改进和优化，并将其推广应用于其他相关领域或问题的解决。

这些步骤通常是循环迭代的过程，建模者需要多次调整和完善模型，直至得到满意的结果。

4. 数学建模的要求和方法

数学模型因不同问题而异，建立数学模型也没有固定的格式和标准，甚至对同一个问题，从不同角度、不同要求出发，可以建立不同的数学模型。因此，建立数学模型一般有如下要求：

①足够的精度，即要求把本质的关系和规律反映进去，把非本质的去掉。

②简单、便于处理。

③依据要充分，即要依据科学规律、经济规律来建立公式和图表。

④尽量借鉴标准形式。

⑤模型所表示的系统要能操纵和控制，便于检验和修改。

建立数学模型主要采用机理分析和数据分析两种方法。机理分析是根据实际问题的特征，分析其内部机理，弄清其因果关系，再在适当的简化假设下，利用合适的数学工具得到描述事物特征的数学模型。数据分析法是指人们一时得不到事物的特征机理，而通过测试得到一组数据，再利用数理统计学等知识处理这组数据，从而得到最终的数学模型。

（二）数学建模教学的意义

1. 增强学生应用数学的意识

数学建模教学使学生将抽象的数学知识与实际问题相结合，能培养学生将数学知识应用于实践的能力，增强他们解决实际问题的信心和意愿。

2. 培养学生的各种能力

数学建模教学过程中，学生需要运用想象力、分析能力、抽象能力、综合能力等各种能力来解决实际问题，从而全面培养了学生的综合素质和解决问题的能力。

3. 发挥学生的参与意识

数学建模教学可以激发学生的学习兴趣，提高他们的学习积极性和主动参与意识。学生在解决实际问题的过程中，积极探讨、合作，体验到解决问题的成就感，从而增强了对数学学习的认同感。

4. 转变受教育观念

通过数学建模教学，学生逐渐意识到数学不仅是一种理论体系，更是一种解决问题的工具。他们从被动的受教育者转变为主动的学习者，更加关注数学知识的来源、用途和实际应用，从而促进了学习态度的改变。

（三）数学建模教学的特点

1. 教学目标侧重点

一般地，数学建模教学重点在于培养学生应用数学的意识和初步掌握使用数学模型解决实际问题的方法。教学目标侧重于让学生了解数学在解决实际问题中的应用，并通过简单的建模案例训练学生的建模思维和能力。

而在普通理工类本科院校中，数学建模课程更侧重于运用不同方法构造不同类型的模型，提出解决实际问题的指导性策略。它强调科学决策和定量决策的功能，教学目标在于帮助学生真正掌握数学建模的方法和技巧，以解决具体的实际问题。

2. 开展形式

数学建模教学不是作为一门单独的学科来开展的，而是通过课堂教学和课外活动相结合的方式进行的。在课堂上，教师会以课本相关内容为基础，引导学生了解建模知识和建模训练的基本步骤，并解决一些关键问题。而课外活动则包括学生自主学习、小组合作、实地调研等形式，以完成建模任务和实践应用为主要内容。

（四）数学建模教学原则

1. 可行性原则

数学建模教学应考虑学生的年龄特征、智力发展水平和心理特征，确保教学内容和方法符合学生的认知水平，促使学生对数学建模有初步的理解和认识。同时，教师应在教学中创造机会，让学生从实践中重新发现数学的应用，建立数学知识与实际经验的联系。

2. 渐进性原则

教学应根据学生的建模水平和能力，分阶段地进行数学建模教学。从基本应用阶段开始，逐渐深入，引导学生从简单到复杂地解决不同类型的数学建模问题，提高他们的建模意识和能力。

3.主动学习与指导学习相结合原则

教师应成为学生的启发者和引导者，利用精心设计的问题情境，引导学生从实际中发现问题、提出问题并解决问题。教师需了解学生的数学水平，并根据教学目标和要求，适当给予方向性指导，促使学生主动学习。

4.独立探究与合作探究相结合原则

数学建模教学应注重独立探究和合作探究相结合。鼓励学生独立思考、探究，提出解决方案，同时提倡采用小组学习、集体讨论等方式，以促进学生之间的合作和互动，发挥集体智慧的作用。简单的建模可由学生独立完成，复杂的建模可采用小组合作的方式进行。

这些原则有助于确保数学建模教学的有效性和适应性，促进学生全面掌握数学建模的方法和技能。

第三节　高等数学教学要素

数学教学要素，就是数学教学活动中涉及的各个方面。每一种数学教学要素都是一个独立的方面，又是复杂的数学教学系统的重要组成部分，它们相互作用、相互影响，贯穿数学教学的全过程。

一、数学教学的目标

对于数学教学工作来说，出发点和归宿都是数学教学的目标。此外，数学教学目标是衡量数学教学质量的重要标准。

（一）数学教学目标的含义

人们对数学教学目标含义的认识一直在发展，学界普遍认为数学教学目标是以数学教学的目的和要求等为依据而提出的，在一定时期内需要实现的预期成果。它是在数学教学中师生预期达到的学习结果和标准，表现为对学生学习成果及终极行为的具体描述，或对学生在教学活动结束时的知识技能等多方面取得的变化的说明。

教学目标是一个有层次结构的系统。在学校教育中，教学目标按照从宏观、抽象到微观、具体的顺序大致分为五个层级，即教育目的、培养目标、学科教学目标、单元教学目标和课时教学目标。其中，教育目的是最高层次的目标（第一层级），是对所有受教育者而言的，是社会对教育所要造就的社会个体质量规格的总设想或规定。培养目标（第二层级）根据教育目的制定，规定了对各级各类学校的具体培养要求。学校的培养目标要到各个学科去实现，因而不同学科要制订本学科教学目标（或课程目标）及不同学段的学科教学目标（第三层级）。各学科教师在教学实践中要把学科教学目标分解为单元教学目标（第四层级）。在课堂教学前应将单元教学目标进一步分解为课时教学目标（第五层级）。课时教学目标作为教育目的系统的微观层次，是实现课程目标的载体和手段。

（二）数学教学目标的功能

1. 促进数学学科教学功能的发挥

数学教学目标的制订与实施可以帮助教师更好地发挥数学学科教学的功能，确保教学内容与目标相一致，引导学生达到预期的学习效果。

2. 促进数学教学任务的明确与落实

清晰明确的数学教学目标有助于确定教学任务，并促使教学任务得到有效实施，确保学生能够达到预期的学习目标。

3. 有效规约数学的教学过程

数学教学目标对教学的方向、方法和过程起指导作用，帮助教师有针对性地选择教学方法和组织教学过程，从而有效推动教学进程，确保教学质量。

4. 指引、激励教师的教与学生的学

明确的数学教学目标可以为教师提供工作方向，激励他们为实现目标而努力。同时，它也能够激发学生的学习动机，指引他们制定合理的学习目标，并积极投入学习中。

5. 形成检验教学成果的标准

数学教学目标是检验数学教学成果的标准，通过评估学生是否达到预期目标，可以客观地评价教学的有效性，并为未来的教学提供参考和改进方向。

（三）数学教学目标的分类

为了使教学目标对教学起导向作用，使教师对某些学习行为形成准确理解，高校有必要对教学目标进行分类。教学目标分类的方法很多，在国内比较流行的是将教学目标分为三个领域：认知领域、情感领域和动作技能领域。

1.认知领域的目标

认知领域的目标根据学生掌握知识的深度，由低级到高级分为以下六类。

（1）知识

学生能够记忆和回答关于先前学习材料的问题，展示出对事实和信息的简单记忆。

（2）领会

学生能够理解材料的意义，并能用自己的话重新表述所学概念，展示出对知识的理解和把握。

（3）运用

学生能够将所学知识应用于新的情境，展示出对概念和原理的理解和运用能力。

（4）分析

学生能够将单一概念和原理进行综合运用，分析材料的结构成分并理解其组织结构。

（5）综合

学生能够利用已有的概念和规则产生新的思维产品，将部分产品组成新的整体，展示较高的思维能力和创造性。

（6）评价

学生能够根据准则和标准对材料进行判断和评价，在学习过程和学习成果中展现较高的认知能力。

2.情感领域的目标

人的情感是学校教育的一个重要组成部分，但是，人的情感反应更多地表现为一种心理内部过程，具有一定的内隐性。因此，情感领域的目标设计并不容易。

（1）接受

学生愿意关注特定的现象或刺激，展现出对学习过程或教学内容的基本兴趣和注意力。

（2）反应

学生能够以某种方式积极参与学习过程或对教学内容做出反应，如参加讨论、回答问题、完成作业等。

（3）评价

学生能够将学习过程中遇到的对象、现象或行为与一定的价值标准相联系，并形成自己的态度和价值观念，体现出对学习内容的认同和个人态度的形成。

（4）组织

学生能够将各种价值观念组织成一个系统，比较和确定它们之间的关系和重要性，形成个人的价值观念体系，并在实际生活中表现出对这些价值观的坚持和体现。

（5）个性化

情感教育的最高境界是，学生内化了价值观念，形成了自己的人生观、世界观和价值观念体系，行为是一致的和可预测的，如良好的学习习惯、谦虚的态度、乐于助人的精神等。

3.动作技能领域的目标

数学教学动作技能领域的目标主要涉及教师在教学过程中的行为和技能发展。这些目标可分为不同的阶段，从基本的技能掌握到高级的教学策略应用。

（1）技能掌握

熟练掌握教学基本动作，包括板书、解题演示、示范讲解等，确保教学过程中的信息传递和内容呈现清晰准确。

（2）情境应用

能够根据教学情境和学生特点灵活运用教学动作，如针对不同教学内容和学生需求选择合适的板书方式或解题演示方法。

（3）教学引导

具备引导学生思考和发现问题的能力，通过教学动作引导学生自主探究和解决数学问题，促进学生的主动学习和思维发展。

（4）诊断反馈

能够通过观察学生的学习情况和表现，及时识别学生的困惑和错误，并通过适当的教学动作进行有针对性的反馈和指导，帮助学生纠正错误和提高学习效果。

（5）多样化策略

掌握多种教学动作和策略，如启发式提问、小组讨论、案例分析等，并能根据不同的教学目标和学生特点灵活运用，提高教学效果和学生参与度。

（6）创新实践

具备创新意识和实践能力，能够设计和实施符合教学目标和学生需求的新颖的教学动作和方法，不断提升教学质量和效果。

（四）数学教学目标的设计

数学教学是促进学生学习的活动，要使这种活动有效，教学必须有计划性。关于教学的系统计划就是教学设计。数学教学设计的首要环节是教学目标设计。数学教学目标设计，既是为了体现数学教学的目标意识，也是为了明确教学设计者的设计意图，给后续教学设计过程设定方向。科学合理的教学目标有利于学生明确"怎么学"和教师明确"怎么教"。

1. 数学教学目标设计的特点

数学教学目标设计的特点主要包括以下几个方面。

首先，数学教学目标需要具体明确，明确表达学生在数学学习过程中所要达到的具体能力水平和学习成果，以便教师和学生清晰地了解学习的方向和标准。

其次，数学教学目标需要具有可操作性，即能够通过具体的教学活动和评价方式来实现和检验，使教师和学生能够在教学实践中有效地落实目标并进行评价反馈。

再次，数学教学目标还需要具有适应性，即能够根据学生的特点和教学环境的变化进行灵活调整和优化，以确保实现教学目标和提高学生学习效果。

最后，数学教学目标需要具有发展性，即能够促进学生在数学学习过程中全面发展各方面能力，包括数学知识运用能力、思维能力、问题解决能力等，以实现个体的终身发展目标。

综上所述，数学教学目标设计的特点是具体明确、可操作性强、适应性好和发展性全面。

2. 数学教学目标设计的依据

数学教学目标的设计必须充分依据数学课程标准、数学教材及学情三个方面。

首先，数学课程标准提供了教学目标的基本框架和指导原则，教师需要根据这些标准明确学生在数学学习中应达到的具体能力水平和获得的学习成果。

其次，数学教材是教学活动的主要依据，教师应当根据教材中的内容和要求来设计相应的教学目标，确保教学目标与教学内容相对应和统一。

最后，学情分析是教学目标设计的重要依据，教师需要考虑学生的原有知识水平、心理发展水平、兴趣爱好等因素，合理确定教学目标的难易程度和适应性，以便更好地指导学生的学习并提高教学效果。

综上所述，数学教学目标的设计需要综合考虑数学课程标准、数学教材和学情等多方面因素，确保教学目标具有科学性和有效性。

3.数学教学目标的表述

（1）数学教学目标表述的要求

数学教学目标的表述应该满足以下几个要求，以确保其清晰、明确、有可操作性和可评价性。

首先，表述应该明确指出学生需要达到的具体能力或知识水平，以便教师和学生都能清晰地理解目标。

其次，表述应该具备可操作性，即学生应该能够通过具体的学习活动或任务来实现目标，而不是抽象的概念或理想状态。同时，目标的表述应该具备可评价性，即能够通过观察学生的行为或成果来评价其是否实现了目标，从而为教学评估提供依据。

再次，表述还应该尽量简洁明了，避免使用模糊、含混不清或过于复杂的语言，以免给学生和教师带来困扰。

最后，教学目标的表述应该符合学生的认知水平和语言表达能力，以确保其能够被学生理解和接受，从而激发学生的学习动机和积极性。

综上所述，数学教学目标的表述应该具备明确性、可操作性、可评价性、简洁明了和适应性等特点，以实现教学目标的有效指导作用。

（2）数学教学目标表述的方法

数学教学目标的表述应当遵循一些基本原则，以确保目标清晰、具体、有可操作性和可评价性。

首先，目标应该以学生的行为为核心，明确指出学生需要达到的具体能力或知识水平，例如，"学生能够解决包含一元二次方程的实际问题"。

其次，目标的表述应当具备可操作性，即学生应该能够通过具体的学习活动或任务来实现目标，例如，"通过代入法、配方法等求解一元二次方程，并应用解得的结果解决实际问题"。

再次，目标的表述应该具备可评价性，即能够通过观察学生的行为或成果来评价其是否实现了目标，例如，"通过考查学生解决实际问题的过程和解题结果来评价其掌握一元二次方程的能力"。

从次，为了确保目标的清晰度和易理解性，可以采用简洁明了的语言表述目标，避免使用过于复杂或模糊的术语，例如，"学生能够利用相关公式求解二次方程，并应用到实际生活中的问题中"。

最后，为了考虑学生的认知水平和语言能力，教师可以适当调整目标的表述方式，确保学生能够理解和接受目标，例如，"学生能够用自己的话解释二次方程的概念，并能够应用到实际中解决问题"。

综上所述，数学教学目标的表述应当注重行为导向、可操作性、可评价性、简洁明了和适应学生水平等原则，以促进教学目标的有效指导和实现。

（五）数学教学目标的实现

1. 数学教学目标在教学设计中的实现

在高等数学教学中，教学目标是通过精心设计教学过程和采取有效的教学方法来实现的。

首先，教师需要深入理解教学大纲和课程标准，明确学生应该达到的知识、能力和素养目标。基于这些目标，教师可以设计教学内容和活动，确保学生在学习过程中能够逐步掌握和应用所学的数学知识和技能。

其次，教学设计应该注重启发式教学和问题导向学习。教师通过引导学生思考、探究和解决真实世界中的数学问题，激发学生的学习兴趣和主动性。教师可以设计一些启发性的问题或案例，引导学生运用所学知识解决问题，并鼓励他们在解决问题的过程中发现数学的美和深度。

再次，教学过程中应该注重差异化教学和个性化指导。因为学生的学习能力和兴趣存在差异，教师需要灵活运用不同的教学方法和策略，满足不同学生的学习需求。可以通过分层教学、小组合作学习、个性化辅导等方式，促进学生的全面发展和个性化成长。

最后，教学目标的实现还需要注重评价和反馈。教师应该及时对学生的学习情况进行评价和反馈，帮助他们发现和纠正错误，促进学生的进步和提高。教师可以采用多种形式的评价方式，如作业、考试、项目报告、口头表达等，全面了解学生的学习情况，并根据评价结果调整教学策略，进一步推动教学目标的实现。

综上所述，通过精心设计教学过程、采取有效的教学方法、注重差异化教学和个性化指导以及及时评价和反馈，可以有效实现高等数学教学目标，提升学生的数学素养和能力水平。

2. 数学教学目标在课堂教学中的实现

在高等数学课堂教学中，教学目标是通过精心设计教学内容和采用有效的教学方法来实现的。

首先，教师需要清晰地阐明教学目标，确保学生理解并认同这些目标。

其次，在课堂上，教师可以采用多种教学方法来促使学生达成教学目标。一种常见方法是以问题为导向的学习。教师可以设计一系列贴近实际的问题，引导学生探索和解决这些问题。通过这种方式，学生能够理解数学知识的应用场景，并培养解决问题的能力。另一种方法是示范和演示。教师可以通过详细的解题过程和实际演示，向学生展示数学概念和解题方法。通过直观的示范，学生可以更容易理解和掌握数学知识。此外，小组合作学习也是一种有效的教学方法。教师可以将学生分为不同的小组，让他们共同合作解决问题或完成任务。通过与同学的合作讨论和交流，学生可以相互学习和借鉴，增强对知识的理解，共同进步。

再次，教师还可以通过提问和互动来激发学生的思维和积极性。通过提出引导性问题，教师可以引导学生思考并深入理解数学概念。同时，鼓励学生积极参与课堂讨论和答题环节，提高他们的思维活跃度和学习兴趣。

最后，教师应该及时进行评价和反馈。通过作业、小测验和课堂表现等方式，教师可以了解学生的学习情况，并及时给予反馈和指导。这有助于学生及时纠正错误、巩固所学知识，并进一步提高学习效果。

综上所述，通过精心设计教学内容和采用多种有效的教学方法，教师可以在高等数学课堂上有效实现教学目标，提升学生的数学素养和能力水平。

二、数学教学的任务

数学源于生活，生活创造数学，而数学可以使人思想缜密、使人聪慧。在现代背景下，数学教学必须体现以人为本的理念，这样便向数学教学提出了更高的要求，作为一名数学教师，要重新审视数学教学的主要任务。

（一）数学教学任务的含义

教学的目的就是要实现学生德、智、体、美、劳全面发展，教学任务就是教学目的的具体化，是从教学自身特点来看必须完成的具体任务，也就是通过教学要解决什么样的问题。具体到数学教学任务而言，就是通过开展数学教学活动应达到的目的。这种数学教学目的与国家对新生一代的教育目的一致，它从属于教育目的并为教育目的服务。

数学教学任务可以通过把学生的注意力引向特定的内容来影响学生，而且数学教学任务不仅决定了学生学习什么，还决定了他们怎么思考、发展、理解和运用数学。此外，在开展数学教学活动之前，预先对数学教学任务进行分析，可以更好地明确教学目标中规定的、需要学生习得的能力或倾向，也能够更好地创设教学条件、安排教学任务等。

（二）数学教学任务的制订

在制订数学教学任务时，教师需要综合考虑学生原有的数学基础、使能目标和支持性条件。

首先，教师应该了解学生的起点能力，通过作业、小测验、课堂观察等方式，全面了解学生的数学基础水平。这有助于确定学生的起点，为后续教学提供基础。

其次，教师需要明确教学的使能目标，即为实现终点目标所需掌握的子技能和知识。通过将终点目标分解为具体的使能目标，教师可以更有效地指导学生的学习，使他们逐步掌握所需的知识和技能。

最后，教师需要考虑支持性条件，即学生在学习过程中所需的注意力和认知策略。通过激发学生的学习动机和提供合适的认知策略，教师可以帮助学生更好地理解和掌握数学知识。

综合考虑以上这些因素，教师可以设计出切实可行的数学教学任务，促进学生的全面发展和学习进步。

（三）数学教学的主要任务

1. 让学生在数学教学活动中学习数学知识

在数学教学活动中，让学生学习数学知识是重要的任务之一。学生对数学的感悟和兴趣往往源自他们在教学中对数学知识的学习。因此，重新认识数学教学中学习数学知识这一任务的重要性，有助于让学生在思想上做好充分准备。

数学是源于生活的，生活中随处可见数学的应用。因此，教师在进行数学知识教学时，应尽可能地将数学内容与学生的日常生活联系起来，使数学知识更加贴近学生的实际经验，从而引发学生对数学的兴趣。此外，教师在设计数学知识教学时应注意知识层次的安排。应从简单到复杂、从易到难地呈现数学内容，逐步深入，循序渐进。通过层层递进的教学方式，学生可以在愉悦的氛围中逐步理解和掌握数学知识。同时，教师还应该采用适当的教学方法和直观的教学手段，以帮助学生更好地学习和理解数学知识，并为后续学习打下坚实的基础。

2. 培养学生的数学技能

在数学教学活动中，培养学生良好的数学技能是重要的任务之一。学生的数学技能主要包括以下三个方面。

首先是计算能力，这是学生数学能力中最基本的能力之一。教师在教学中必须重视培养学生的计算能力，帮助他们掌握基本的计算方法和技巧，从而提高计算水平。

其次是逻辑思维能力，这是学生数学能力中最核心的能力之一。逻辑思维能力是评价一个人聪慧与否的重要标准之一。在数学教学中，教师应重视培养学生的逻辑思维能力，特别是在解决应用题和进行数学推理推导方面，帮助他们训练和提升逻辑思维能力。

最后是空间想象能力和观察能力，这是学生数学能力中较重要但也较难教学的一部分。这种能力对学生的今后发展具有重要意义。在数学教学中，教师应该通过多种方式培养学生的空间想象能力和观察能力，例如通过几何图形的绘制和分析等方式，帮助学生提升这方面的能力水平。

三、数学教学的对象

数学教学是以学生为中心的，数学教学设计的一切活动都是为了学生学好数学。因此，在开展数学教学活动时，准确地分析教学对象即学生是十分重要的。具体而言，分析学生是为了了解学生的学习准备情况及学习风格，为教学内容的选择和组织、教学目标的阐明、教学活动的设计、教学方法和媒体的选用等教学外因条件适合学生的内因条件提供依据，从而使教学真正促进学生智力能力的发展。而在分析教学对象时，可从以下两方面着手。

（一）学生的认知特征

学生认知特征是指学生在进行新的学习时，现有的心理发展水平对新的学习的适应性，具体包括认知水平、认知风格、智力特征及自我调节能力。其中，认知水平和智力特征从心理与认知发展阶段的角度判断学生的现有认知能力，认知风格（学习风格）是指对学生感知不同刺激，并对不同刺激做出反应这两方面产生影响的所有心理特性。作为个体稳定的学习方式和学习倾向的学习风格，源于学习者的个性是学生的个性在学习活动中的定型化、习惯化。而自我调节能力则是一种元认知能力，是学生监控和调节学习过程的重要能力表现。

1. 学生的学习风格

当教学策略和方法适应学习者的思维或学习方式时，学习者能够取得更大的成功。了解学生在学习风格和方式上的差异，对于教师根据学生特点进行因材施教有重要意义。因此，在对学生进行分析时，学习风格的分析是不可缺少的一项内容。

（1）学生学习风格的类型

学生的学习风格是他们在信息加工过程中表现出来的在认知组织和认知功能方面的持久一贯的特有风格。这种风格不仅涵盖个体在直觉、记忆、思维等认知过程方面的差异，还包括个体在态度、动机等人格形成和认知能力方面的差异。研究者从不同侧面对学习风格进行了分析和研究，将其归纳为以下几种类型。

首先是场依存型与场独立型。场依存型的学生容易受到环境的影响，更能在集体情境的学习中获得乐趣，展现出良好的合作能力和服从性。相反，场独立型学生具有较强的自主学习能力，习惯独立思考和学习，不易受外界因素影响，更不易受个人情绪影响。

其次是冲动型与反省型。冲动型学生倾向于基于少数外部线索急于回答问题，而反省型学生更加谨慎和仔细，不急于得出结论，而是通过深入的思考和讨论来确定选择。

再次是结构性与随意性。结构性较强的教学内容适合雄心勃勃和焦虑型学生，而非正规教育强调的随机性则更适合能力较弱或自主性较差的学生。

从次是整体型策略与序列型策略。整体型策略的学生倾向于从实际问题到抽象问题再到实际问题的学习和反思，而序列型策略的学生则倾向于线性发展，从一个假设到另一个假设。

最后是外倾型与内倾型。外倾型学生愿意明确表达自己的感受，情绪波动大，而内倾型学生则不容易表达自己的感受，外表看似平静，但内心存在苦恼或起伏不定的情绪。

（2）学生学习风格的测定

①观察法。教师通过对学生的日常观察来确定学生的学习风格。这种方法适合年龄较小的学生，因为他们对自己的学习风格了解有限，在表达自己学习风格时感到困难。观察法的缺点在于教师很难一一观察到每一个学生的学习风格。

②问卷法。设计一个针对学习风格的调查问卷，让学生根据自己的情况进行填写。问卷法的优点是可以给那些平时还没有意识到自己学习风格的学生提供一些线索，帮助他们正确地选择答案。然而，问卷中的题目无法涵盖所有学生具有的学习风格。

③征答法。让学生自己陈述自己的学习风格。这种方法的优点是学生可以在不受具体问题限制的情况下自由表达自己的特点，从而更能体现出他们的学习风格。征答法的缺点在于如果不能准确地向学生解释学习风格的概念，学生的陈述会偏离学习风格的范围。

2.学生的智力特征

学生的智力特征包括多个方面，可以根据不同的理论和研究进行分类和描述。以下是一些常见的智力特征：

（1）言语智力（语言能力）

言语智力是指学生在语言方面的智力表现。这包括口头表达能力、词汇量、语言理解能力等。一些学生擅长口头表达，善于使用语言进行思考和沟通，而另一些学生更善于书面表达或者理解复杂的语言结构。

（2）逻辑—数学智力

逻辑—数学智力是指学生在逻辑推理和数学方面的智力表现。这包括对逻辑规律的理解能力、数学运算能力、问题解决能力等。一些学生擅长分析和解决逻辑问题，而另一些学生则更善于处理数学题目或者应用数学方法解决实际问题。

（3）空间智力（空间能力）

空间智力是指学生在空间感知和空间操作方面的智力表现。这包括对图形、图像的理解和构建能力，以及对空间关系的把握能力。一些学生擅长完成空间导向任务，如解决拼图或建模问题，而另一些学生更善于空间导向的想象和创造。

（4）身体—动觉智力

身体—动觉智力是指学生在身体动作和动觉感知方面的智力表现。这包括动作协调能力、身体运动控制能力、手眼协调能力等。一些学生通过身体动作来帮助自己理解和解决问题，而另一些学生更善于运动类的学习活动，如体育或手工艺术等。

（5）音乐智力

音乐智力是指学生在音乐感知和音乐表达方面的智力表现。这包括对音乐的感知能力、理解能力、创造能力等。一些学生对音乐特别敏感，善于理解和表达音乐的情感和意义，而另一些学生则更善于通过音乐来记忆和理解其他学科内容。

（6）人际智力（人际关系能力）

人际智力是指学生在人际交往和社交能力方面的智力表现。这包括人际沟通能力、合作能力、领导能力等。一些学生擅长与他人合作和交流，善于组织和领导团队，而另一些学生则更善于处理人际关系和解决冲突。

（7）自我认知智力（内省能力）

自我认知智力是指学生在自我认识和情感管理方面的智力表现。这包括对自己情绪和行为的认知能力、情感调节能力、目标设定和自我激励能力等。一些学生擅长自我反思和情感管理，能够有效地设定目标并自我激励，而另一些学生则更需要别人帮助来提高自我认知和情感管理能力。

3. 学生的自我调节能力

自我调节的理念一直是教育学和心理学研究的重点。无论是在学术界还是在社会上，关于如何学习这一问题，人们普遍认为有能力的成功人士都具有如下特点：努力、有目标、知道如何处理冲突、避免分心和冲动、专注于手头任务、坦然面对成功与失败。此外，一个人如何管理自己的情绪反应，如何反思学习，会对自己能否取得成就产生深远的影响。在课堂中，这种能力叫作学习的自我调节能力。

学习的自我调节是学生在整个学习过程中激活、维持、管理和反思自己的情感、行为和认知的过程。在保持情感、行为和认知维度之间的联系和平衡时，学习者可以体验成功。其中，情感是个体对情绪的自觉意识和回应。我们经常把这些回应视为感受，它既可以阻碍也可以促进我们的学习。学生对情境的感受决定了他们的关注点。因此，了解如何帮助学生适应情境，适当调整情绪反应，对教师来说很重要。行为即个体所做的事情。在学术研究中，行为不仅包括个体的肢体动作（如如何坐、如何行走等），还包括个体解决问题的能力（如回顾或者做实验）。知道如何在不同背景和学习经历中灵活变通，是实现有效学习的一个重要组成部分。认知即个体的思维过程，从元认知（反思性思维）到隐性认知（用于学校的先进思维过程）再到形而上学认知（超越自我的思维）等。在不断变化的世界里，拥有重要的思维工具是成功的关键。

在形成学习模式后，学生就有能力自我调节。他们可以与他人一起模仿或实践这种学习模式，在独立学习中自觉使用这种学习模式，还可以将该学习模式转移到其他学习活动中。设定目标、制订任务、视觉想象、自我指导、时间管理、自我监控、自我评价等措施，都有助于学习者培养自我调节能力。

（二）学生的数学学习起点能力

教师对学生的数学学习起点能力进行分析是教学中的一环，它直接影响教学的有效性和学生的学习成效。在进行这一分析时，教师可以从以下三个方面入手：

1. 预备技能

这指的是学生在学习新知识前必须掌握的知识和技能。通过分析学生的预备技能，教师可以了解学生是否具备学习新知识的基础。例如，在教授除数是两位数的除法时，教师可以先测试学生是否已经掌握除数是一位数的除法，以确定学生的学习起点。

2. 目标技能

这是为了了解学生是否已经掌握或部分掌握某些教学目标中要求学习的任务。教师可以通过自问、向专家请教或向学生征答等方式，了解学生已经掌握的知识和技能。这有助于教师抓住教学的重点，避免重复教授学生已经掌握的内容。

3. 学习态度

学生的学习态度对教学过程和学习成效有重要影响。教师需要了解学生对学习内容的态度，了解学生是否存在偏见或误解。只有当学生对学习持积极态度时，才能激发他们的学习动力，使他们更加专注地学习。

通过对学生的数学学习起点能力进行全面分析，教师可以更好地指导教学活动，确保教学内容和方法与学生的实际情况相适应，从而提高教学效果，促进学生的全面发展。

四、数学教学的策略

教学策略是对教学过程提供普遍的关注和理解，以便根据具体的教学情况和学习者指导具体教学理论的需要，合理控制教学过程各组成部分之间的关系。数学教学策略是基于教学活动的过程，可以细分为以下三类。

（一）数学教学设计策略

数学教学设计策略就是在数学教学实施之前，教师为了有效地实施教学而进行的整体活动的设计，对后续的教学策略安排起到重要的指导作用。一般而言，数学教学设计策略包括以下三方面内容。

1. 教学目标分析策略

教学目标是教师对教育教学活动的预期，其概括了要完成的教学内容，并且是根据学生的生理、心理和知识发展水平来制定的。数学教学目标的设计需要考虑以下三个方面：

（1）学段和学科特点

不同学段的学生在数学学科方面具有不同的特点和发展水平。教学目标应该根据学生的年龄、认知能力和学科特点制订和调整。

（2）新课标要求

教学目标的设计应该符合新课标的要求，即根据当地的教学大纲和课程标准制订。在教学目标的设计中需要考虑培养学生的综合素养和实际应用能力。

（3）学生的发展水平

教学目标应该根据学生的发展水平和学习需求进行设计。这包括考虑学生的年龄、学习能力、兴趣爱好等因素。教学目标应该既具有挑战性，又符合学生的实际情况，以激发他们的学习兴趣和动力。

综合考虑以上因素，教师可以制订符合实际情况和教学要求的数学教学目标，从而有效地指导教学活动，提高教学效果，促进学生的全面发展。

2.教学主体分析策略

在制定数学教学策略时，教师需要考虑学生的初始状态以及自身的教学风格和特点。具体来说，可以从以下两个方面着手：

（1）学生初始状态分析

①预备技能。分析学生是否具备学习新知识所需的基础技能和知识，包括预备技能和目标技能。这可以通过观察学生在课堂上的表现、与学生的交谈及书面测试等方式来进行。

②目标技能。了解学生是否已经掌握或部分掌握了教学目标中的任务，并评估学生掌握这些技能的程度。

③态度。分析学生的学习态度和情感因素，包括对学习任务的兴趣和动机，以及是否存在偏见或误解。

（2）教师状态的自我分析与调适

①教学观念和风格。教师应当分析自己的教学理念、教学经验和教学风格，以确保选择的教学策略与自身特点相匹配。

②教学目标和任务。教师需要了解所面临的教学任务和学习环境，并选择适合的教学策略，以解决各种问题并预测教学效果。

③教学行为的维护和调整。在教学过程中，教师应当不断监控教学效果，并根据需要对教学行为进行调整和修正，以确保教学策略的有效性。

通过以上分析，教师可以制定符合学生和自身特点的有效的数学教学策略，从而提高教学效果，促进学生的全面发展。

3.教学材料的选择策略

在选择数学教学材料时，可以借助以下三个有效的策略。

第一，教学材料选择的典型性、易懂性，以及不同学段学生的接受能力和教学内容的抽象程度。数学教材中有不少内容比较抽象，选择的例题、练习题不要过于复杂或综合性太强，这样会使学生感觉困难太大而产生畏难情绪，甚至觉得数学晦涩难懂，从而放弃学习。因此，教师在选择材料时要针对任教学生的学情，删掉过难的内容，逐步介绍综合性强的内容。

第二，教学材料的组织注重结构化。数学学科有自己的结构，而结构化教学能帮助学生掌握、转移和回忆知识重点、强化内容层次。教材组织的内在方法包括螺旋组织、层级累积组织、渐进分化和综合组织。

第三，教学材料传递的情境化。恰当的问题情境是指外部问题与内部知识和经验条件之间的恰当冲突程度，导致强烈的思维动机和最佳思维导向的情境。创造困难的情境可以让学生积极参与到解决问题的过程中。

（二）数学教学实施策略

在数学教学策略中，实施策略是一个极为重要的组成部分。数学教学实施策略就是在数学教学设计策略指导下具体地从整体上组织教学的过程，主要涉及以下五个方面。

1.激发学生动机的策略

（1）建立联系

教师可以将数学与实际生活和其他学科联系起来，展示数学在解决实际问题和其他学科中的应用。通过展示数学在科学、工程、经济等领域的重要性，激发学生的兴趣。

（2）设定挑战

教师可以给予学生具有挑战性的问题和任务，让他们感到自己的能力得到了充分发挥。通过设定一些有趣而具有一定难度的问题，激发学生的求知欲。

（3）提供实践机会

教师可以给予学生实践机会，让他们亲身体验数学知识的应用和价值。通过实践性的活动，如数学建模、实验等，激发学生的学习兴趣。

（4）提供积极反馈

教师可以给予学生积极的反馈和鼓励，让他们感到自己的努力和成就得到了认可和肯定。通过表扬、奖励等方式，激发学生的学习积极性。

（5）个性化教学

教师可以根据学生的兴趣、能力和学习方式，设计个性化的学习计划和任务，让每个学生都能找到学习的乐趣和动力。

（6）激发好奇心

教师可以引导学生提出问题、探索解决问题的方法，让他们保持好奇心和求知欲。通过提出一些有趣而具有启发性的问题，激发学生学习的兴趣和动力。

综合运用以上策略，教师可以有效地激发学生的学习动机，提高他们的学习积极性和参与度，从而取得更好的教学效果。

2.教学内容呈现的策略

数学教学内容呈现的策略主要有以下三个。

（1）利用"有意义学习"，促进知识迁移

在认知学习过程中，学习者的知识结构、信念和态度网络起关键作用，它们是由以前的经验形成的，也是新知识获取和整合的基础。根据奥苏伯尔的理论，影响认知学习的一个重要因素是在认知结构中长期存在的想法的可用性。为了帮助学习者更有效地学习新知识，他提出了提供学前指导的教学策略，这个指导比学习任务本身具有更高的抽象性、概括性和综合性，可以将原有的学习概念与新的学习任务联系起来，构建一座知识桥梁。

在数学教学中，教师可以通过以下两种组织者的角色来实施这一策略：

①类属的先行组织者。这种组织者向学生介绍他们不熟悉的事物，并且比新信息更广泛和一般。在数学教学中，这包括向学生介绍概念的起源、背景信息或数学定理的历史发展，以帮助他们更好地理解新的数学概念。

②比较的先行组织者。这种组织者帮助学生将新概念和原则与他们已经学过的概念和原则相结合。通过将新知识与已有知识进行比较，学生可以更容易地理解和吸收新的数学概念。在数学教学中，这包括将新的数学定理与已经学过的相关定理进行比较，以帮助学生建立新知识和旧知识的联系并加深对新知识的

理解。

在教学过程中，教师应该通过诊断评估学生的认知准备情况，确定他们是否具备内化新知识的知识经验。如果学生已经具备相关的知识经验，教师可以通过练习和总结等方法巩固他们的学习成果；如果学生缺乏必要的知识经验，教师就需要提前提供组织者，帮助他们建立起学习新知识的框架。

（2）创设思维情境，激发学生的思维

在数学教学中，教师应该创建一种数学模式，以吸引学生的注意力，调动其积极情绪，并激发其思考能力。这种模式包括相关的数学知识和思维方法，以及产生数学知识的上下文内容和练习。通过创造智力状态，教师可以激发学生的灵活性和迁移性思维，提高他们的元认知能力，并有效地开发该领域的学习场景。以下是教师创设思维情境的三种方式：

①创设史实情境。教师可以利用数学史的知识来创设数学问题的情境。通过讲解数学知识的历史事实和数学家的故事，激发学生的学习兴趣，并使他们在无意识中学习数学知识和思维方式。例如，在讲解数列极限时，教师可以介绍数学家刘徽的割圆术，从而初步引导学生了解极限的思想。

②创设实验情境。教师可以通过数学实验来创建数学问题的情境。这种情境让学生通过观察和实际操作发现规律和假设，然后运用逻辑推理得出结论，揭示数学知识的发展过程。当学生已经具备学习新内容的基础知识时，教师可以设计具有启发性和趣味性的教育内容实验。

③创设温故知新情境。教师可以创建旧的学习模式并了解新的模式，通过新旧知识之间的联系来创建数学问题模式。这种情境不仅会使新旧知识之间产生冲突，还会使学生思考并发现新旧知识的关联。教师需要用已学知识创造适时、相关的情境，让学生运用已有的知识思考问题，以拓展和丰富他们的基础知识。

通过这些方式，教师可以创设出激发学生思维的情境，帮助他们更好地理解和应用数学知识，提高他们的学习效果和兴趣。

（3）构建知识网络，实现认知结构的整体优化

在高等数学教学中，构建知识网络并实现认知结构的整体优化是非常重要的。这意味着教师不仅需要传授独立的数学概念和方法，还需要帮助学生将这些概念和方法整合到一个有机框架中，以便全面理解数学的内在联系和逻辑结构。

首先，构建知识网络需要强调数学知识之间的内在联系和逻辑脉络。教师可以通过引导学生分析不同概念之间的相互关系，探讨它们之间的逻辑推演和推理过程，从而帮助学生建立统一的认知结构。例如，教师可以展示某个概念是如何从基本概念或原理推导而来的，或者如何与其他概念相互关联和衍生。

其次，实现认知结构的整体优化还需要注重概念的深度和广度。教师应该确保学生不仅能够掌握单个概念的表面知识，还要让他们深刻理解和透彻掌握概念。这包括帮助学生理解概念的数学原理、逻辑推导和应用方法，以及探讨概念在不同数学领域中的应用和扩展。

最后，构建知识网络还需要重视学生的主动参与和思维活动。教师应该鼓励学生通过提出问题、解决问题和探索新知识来积极参与教学过程。通过课堂讨论、问题解答和实践活动等方式，学生可以更好地理解和应用数学知识，从而优化他们的认知结构并提高学习效果。

综上所述，构建知识网络并实现认知结构的整体优化是高等数学教学中的重要任务。通过强调内在联系、深度广度并重及主动参与思维活动，教师可以帮助学生建立完整而有机的认知结构，从而提高他们的数学学习能力和水平。

3. 分类施教的教学策略

教师在开展数学教学时，必须注意提高课堂的教学效率。在整个教学过程中，教学策略的实施是前期环节的具体展示，要想收到预期的效果，那么一定要做好分类施教，即针对不同的教学内容采取不同的教学实施策略。其中，常见的数学教学内容有概念、公式、原理的命题介绍类和解题练习的训练类两种。

（1）概念、公式、原理的命题介绍类

在针对概念、公式和原理的介绍类内容进行教学时，可以采用以下两种有效策略：

①随机进入教学策略。这种教学策略源自建构主义学习理论的一个分支，即"弹性认知理论"。随机进入教学策略的核心思想是通过多种渠道、不同方式多次引入相同的教育内容，以促进学生对于概念、公式或原理的多方面理解和深入思考。这种方法能够帮助学生建立全面而深入的学术知识理解，从而更好地掌握该主题。

②针对数学命题三种学习模式的教学策略。根据现代认知心理学的观点，学

习数学命题涉及新旧知识的相互作用，以及新的数学认知结构的形成。这种学习可以分为下位学习、上位学习和并列学习三种模式。针对这三种学习模式，可以采用相应的教学策略：

第一，下位学习模式。在下位学习模式中，学生通过掌握和理解基础概念和公式来逐步构建更加复杂的知识体系。教师可以采用解释、示范和引导的方式，帮助学生逐步掌握基础概念和技能。

第二，上位学习模式。在上位学习模式中，学生通过将已有知识和经验应用于解决新问题来拓展和深化理解知识。教师可以设计具有挑战性和启发性的问题，引导学生运用已有知识解决新问题，从而促进他们的深层次学习。

第三，并列学习模式。在并列学习模式中，学生通过比较和对比不同概念或方法之间的异同来加深对知识的理解。教师可以设计具有比较性的案例分析或思维导图，帮助学生厘清不同概念之间的关系，从而提高他们的综合分析和判断能力。

通过以上两种策略，教师可以更好地促进学生对概念、公式和原理的理解和掌握，提高他们的数学学习效果。

（2）解题练习的训练类

数学解题训练的问题解决教学是对数学知识的综合应用的过程，通过解题、变式训练促进数学知识由陈述形态向程序形态转化，发展学生的智慧技能，形成产生式及产生式系统，从而使所学数学知识真正内化到学生的认知结构中。因为产生式的表征是探索性、启发性的方向，它在产生式中出现了一种总是由目标驱动的行为，这清楚地表明产生式的条件部分总是包含关于目标的陈述。一旦学习者控制了产生式，在满足认知条件后，相关信息就会被激活并产生相关的推论和行动。学习产生式过程包括两个阶段：一个是条件认知，即学习识别一个对象或状态是否符合产生条件；另一个是学习执行一系列步骤。基于达到特定目标的过程的规则的行动。因此，提高产生式系统的数学教学策略分为促进条件认知的教学策略和算法操作教学策略。

①促进条件认知的教学策略。促进条件认知的教学策略是指通过帮助学生理解和应用各种学习条件，来提高他们的学习效果和成就。条件认知是指学习者对学习过程中的环境条件和任务特征的认知，包括学习目标、学习资源、学习策略

等。以下是一些促进条件认知的教学策略：

第一，制订清晰明确的学习目标。教师应该清晰地向学生传达每个学习任务的具体目标和预期结果。这可以通过明确的课程大纲、学习目标表述或口头解释来实现。确切的学习目标有助于学生更好地理解任务要求，并为他们提供学习方向。

第二，提供适当的学习资源。教师应该为学生提供多样化的学习资源，包括教科书、参考书籍、网络资源、模拟实验等。这些资源可以帮助学生在不同的学习情境中获取所需信息，并且促进学生自主学习。

第三，指导学生使用学习策略。教师可以向学生介绍各种学习策略，例如主动学习、组织学习、深层学习等，以帮助他们更有效地完成学习任务。教师指导学生选择和应用适当的学习策略，可以增强学生的学习动机和学习成就。

第四，提供反馈和评价。教师应该及时向学生提供反馈和评价，指导他们对学习过程和成果进行审视和调整。反馈可以帮助学生认识到自己的学习效果，发现不足之处，并及时采取改进措施。

第五，鼓励自主学习和合作学习。教师应该鼓励学生主动参与学习过程，开展自主学习和合作学习。通过自主学习，学生可以根据自己的学习风格和节奏进行学习，增强学习的主动性和积极性；而通过合作学习，学生可以相互交流、合作解决问题，拓展思维，提升学习效果。

综上所述，促进条件认知的教学策略包括明确学习目标、提供学习资源、指导学习策略、提供反馈和评价以及鼓励自主学习和合作学习等，这些策略有助于学生更好地理解和应用学习条件，提高他们的学习成就和学习效果。

②算法操作教学策略。算法操作教学策略旨在帮助学生获取数学知识方案并实现自动化操作。以下是一些算法操作的教学策略：

第一，可变数学练习。提供各种类型的数学练习，让学生通过解决不同类型的问题来识别条件数学模式或获取数学知识方案。通过反复练习，学生可以加深对数学知识的理解和应用。

第二，生成数学知识的算法技术。教师可以使用先进的算法技术，这种技术可以帮助学生理解解决问题的步骤和顺序，以及在应用数学建议时需要执行的操作。

第三，反转学生使用生产性算法练习创建的程序。教师可以引导学生回顾他们创建的算法程序，帮助他们理解程序中每个步骤的含义和作用。通过分析和讨论程序，学生可以加深对数学知识的理解，并且可以更好地应用这些知识解决类似的问题。

第四，组织自动化程序。教师可以指导学生将学习到的自动化程序组织到他们的主要数学认知结构中。这可以确保学生在解决问题时有效地应用这些程序，并且建立稳固的数学认知结构。

通过这些算法操作教学策略，教师可以帮助学生更好地理解和应用数学知识，实现自动化操作，并建立稳固的数学认知结构。

4. 有效提高教师素质的策略

教师的素质直接关系课堂教学管理的效果，高素质的教师是减少学生课堂行为问题的关键。在提高自身教育教学水平方面，教师应该做好以下几个方面的工作：

首先，树立正确的教育理念，不断更新教育观念和教学方法。教师要认识到学生是学习的主体，应该以促进每个学生的成长和发展为目标，而不是以提高考试成绩为唯一追求。在课堂教学中，教师要鼓励学生积极思考、勇于发问，并尊重学生的个人感受。同时，教师也要不断学习新的理论知识，提高教学技能，尝试多种教学方式，以激发学生学习的兴趣和积极性。

其次，增强师德意识，建立良好的师生关系。教师应该具备责任心，关心和尊重学生，在与学生的交往中传递爱与信任，建立亲密的师生关系。同时，教师要精准有序地管理课堂，既不能盲目严格，也不能放任自流，要适时休息，让学生保持身心健康。

最后，有效地控制情绪。教师在面对问题时应保持冷静，控制自己的情绪，并选择适当的方式解决问题。课堂是教师展现热情和专业的地方，教师应该以积极的态度上好每一堂课，为学生营造良好的学习氛围。

通过以上方面的努力，教师可以不断提升自身素质，提高课堂教学管理的效果，有效减少学生的课堂行为问题，为学生的学习和发展创造良好的条件。

5. 改善课堂纪律的策略

健康课堂管理是近年来备受关注的概念，其核心理念在于通过建立相互信任和尊重的关系，营造快乐、健康、有效的学习氛围，从而促使学生进步、自尊和自立，实现多层次的社会福利，让学生在课堂内外都能享受健康、快乐、有意义的生活。为了实现良好的课堂管理，教师需要提高课堂纪律性。

提高课堂纪律性需要教师不断提升教学水平，强化教学法宝。当代课堂管理的研究着重关注有效的教学策略与良好的学生行为之间的关系。研究者指出，优质课程、优质教学和优质学习是实现有效纪律的关键。建立良好的课堂纪律不仅需要教师知道课堂管理的逻辑认知和纪律制度的细节，还需要教师改进教学方法。课堂管控的目标是在科学的教学行为中实现的，理想的课堂秩序应该在情境中实现，这是课堂管理的基本共识。教学设计策略应当合理适当，教学实施策略应当灵活到位，才能使教学管理策略得以有效执行，实现整个策略系统的兼容整合，以达到最有效的教学效果。

（三）数学教学评价策略

教学评价策略主要指在经过教学设计策略、教学实施策略、教学管理策略等几个方面的教学活动的过程与结果做出的一系列的价值判断行为，以充分发挥教学评价的导向性、激励性所采取的一种策略。在实施数学教学评价策略时，需要做好以下两个方面的工作。

1. 编制数学学习评定的测量内容

在教学活动中，为了评价学生数学知识的学习成果，教师必须将适当的试题和相关内容放在一起，而收集试题实际上是对不同类型的知识的衡量。一般而言，数学知识可以分为数学陈述性知识、数学程序性知识和熟悉的策略性知识。数学教学评价策略中所做的测量是对数学相关知识做出数量上的判断，不仅要根据知识的类型加以判断，还要根据知识习得层次和水平加以判断。

（1）数学陈述性知识的测量

高等数学的陈述性知识测量是评估学生对数学概念、定理、公式等静态知识的掌握程度和理解水平的过程。这种测量旨在检验学生对数学知识的记忆、理解和运用能力，以及对数学概念之间相互关系的认识。

在高等数学中，陈述性知识的测量通常采用多种形式，包括但不限于以下四种：

①选择题。通过选择题考核学生对数学概念、定理和公式的记忆和理解水

平。这些题目可以包括单选题、多选题或判断题，涵盖课程中的各个重要知识点。

②填空题和解答题。这种形式的题目更侧重于考核学生对数学知识的理解和应用能力。填空题要求学生在给定的空白处填写正确的答案，而解答题则要求学生对问题进行详细的解释和推导，展示其对数学原理的理解和运用能力。

③证明题。针对高等数学中的定理和公式，可以用证明题考核学生。这种题目要求学生通过逻辑推理和数学方法来证明某个命题或定理，展现其对数学思维的掌握和运用能力。

④应用题。除了纯粹的数学理论和概念，高等数学课程还涉及数学在实际问题中的应用。应用题考核学生将数学知识应用到具体情境中，解决实际问题的能力。

在进行陈述性知识的测量时，教师需要设计多样化和灵活性的评估方式，以全面地了解学生的学习情况，并及时发现和纠正学生的学习困难。此外，评价应该注重考查学生对知识的理解程度和解决问题的能力，而不仅是死记硬背。因此，评价过程应该注重考查学生的思维过程和解题策略，而不只是结果。

（2）对数学策略性知识的测量

对高等数学策略性知识的测量是评估学生在解决数学问题时所采用的策略、方法以及思维过程的能力和水平的过程。这种测量旨在检验学生在面对复杂数学问题时的灵活性、创造力和解决问题的效率。

策略性知识的测量通常涉及以下四个方面：

①问题解决能力评估。评估学生在解决数学问题时所采用的策略和方法。这包括他们在分析问题、提出解决方案、进行推理和验证答案等方面的能力。通过观察学生解决问题的过程，可以了解他们的解题思路和思维方式。

②思维策略的评估。考查学生在应对不同类型数学问题时所采用的思维策略，如归纳、演绎、逻辑推理、模式识别等。这种评估旨在了解学生的思维方式和解决问题的技巧，以及他们在不同情境下的应变能力。

③问题转化和应用能力评估。检验学生将数学概念和原理应用到实际问题中的能力。这涉及将抽象的数学概念转化为具体的问题描述，然后运用数学方法解决问题的过程。通过考查学生在解决实际问题时所采用的策略和思维过程，可以

评估他们的应用能力和创新性。

④解决复杂问题的能力评估。评估学生在面对复杂数学问题时的应对能力。这包括他们如何解决问题、如何处理多变的情况和信息，以及如何有效地调整策略和方法等。

在进行策略性知识的测量时，教师需要设计多样化和具有挑战性的评估任务，以激发学生的思维和创造力，并帮助他们发展解决问题的能力。此外，评价过程应该注重考查学生在解决问题时的思维过程和策略选择，而不仅是结果的正确与否。因此，评价应该注重考查学生解决问题的策略和思维过程，而不只是得到的答案。

2. 评定数学学习结果

在对数学学习结果进行评定时，可以采取以下五种有效策略。

（1）综合性评价

综合性评价是指通过多种评价方式和工具来全面评估学生的数学学习成果。这包括考试、作业、课堂表现、项目作品、小组讨论、口头报告等多种形式，从而全面了解学生的数学知识、技能和思维能力。

（2）标准化测验

标准化测验是一种常见的评价方式，通过统一的测试内容和评分标准来评估学生的数学学习成果。这种评价方式通常采用客观题或标准答案，能够提供客观、可比较的评价结果，但无法全面反映学生的综合能力。

（3）项目作品评价

项目作品评价是一种基于学生完成的项目作品来评估其数学学习成果的方式。这种评价方式能够考查学生的创造能力、合作能力和解决问题的能力，通常包括设计项目、撰写报告、展示成果等环节。

（4）实践活动评价

实践活动评价是指通过实际操作和解决实际问题的活动来评价学生的数学学习成果。这种评价方式能够考查学生的应用能力、实践技能和解决问题的能力，通常包括实验、调查、模拟等活动。

（5）反思性评价

反思性评价是指通过学生对自己学习过程的反思和总结来评价其数学学习成

果。这种评价方式能够帮助学生深入理解数学概念、发现问题和改进方法，促进其自主学习和持续发展。

综合运用以上策略，教师可以更全面地评价学生的数学学习成果，帮助他们不断提升数学能力，并调整教学策略，促进学生的全面发展。

第二章 高等数学教学设计

第一节 高等数学教学设计概述

任何形式的教学活动，都能使学生得到发展。但只有经过科学设计的合理的数学教学活动，才能充分发挥其技术和文化教育功能，使学生得到更好的发展。当然，由于设计者的观念不同，教学设计乃至教学效果必然千差万别。

一、数学教学设计应关注的问题

数学方法论的数学教育方式认为，在数学教学中，教师应充分发挥数学的育人功能：既要面向全体学生，又要注重个性化教学。从数学教学的目标——"致力于培养学生的一般科学素养，增进社会文化修养，形成和发展数学品质"出发，数学教学应遵循三条基本原则：着力培养学生掌握和利用数学知识的态度和能力，激发学生的创造潜能，帮助学生学会学习，为其终身学习奠定基础——使学生具有强烈的学习愿望，养成良好的学习习惯，掌握科学的学习方法等，同时提高教师的自身素养。

（一）培养数学素养和创造潜能

数学教学应该致力于培养学生的数学素养，使其掌握基本的数学知识和技能，并且能够灵活运用这些知识解决实际问题。同时，教学也应该激发学生的创造潜能，鼓励他们思考、探索、发现，并为其提供适当的挑战和机会，培养他们的数学思维和创新能力。

（二）个性化教学

在教学设计中，应该注重个性化教学，根据学生的不同特点、能力和兴趣，采用多样化的教学方法和策略，满足每个学生的学习需求。这包括灵活运用不同的教学资源、组织不同形式的学习活动、提供个性化的学习支持等。

（三）培养学生的学习能力

数学教学不仅要传授数学知识，还要注重培养学生的学习能力，包括自主学习能力、合作学习能力、批判性思维能力等。教师可以通过设计启发式问题、开放式任务等方式，激发学生学习的兴趣和动力，培养其主动探究和解决问题的能力。

（四）关注学生的学习情感

数学教学应该关注学生的学习情感，激发他们的学习兴趣和学习动机，营造积极向上的学习氛围。教师可以通过鼓励、赞扬、关心、支持等方式，增强学生的学习信心和端正学生的学习态度，帮助他们克服学习困难，提高学习效果。

（五）教师自身提高

除了关注学生的学习，教师也应该不断提高自己的教学水平和专业素养，不断学习更新的教育理念和教学方法，积极参与教育培训和专业交流，不断反思和改进自己的教学实践，以提高教学质量和效果。

二、数学教学设计的一般步骤

（一）确立教学目标

教师在进行数学教学设计时，首先关注的不是"学生学什么样的数学"，即"教、学什么"，而是"学生学完这些内容能做什么"，即"为什么学"。换句话说，就是应该关注学生学习这些内容的价值，关注将要学习的数学内容的教育价值。这就是教学目标。

确立教学目标，就是对教学目标恰当定位，使之明朗化。这是因为，对同一学习内容的教学目标的定位不同，将直接影响教学设计和教学效果，影响教学内容的教育功能的发挥。教学目标对教学过程设计具有"隐式"的指导作用。

教学目标不仅关注数学知识的"显形态"应该达到的目标，还关注学生对蕴含于这些知识之中的数学思想方法的感悟，在问题解决过程中学生对数学的基本认识——正确数学观的形成，以及利用数学解决问题的能力提高状况。

（二）分析教学任务（内容）

教学任务是实现教学目标的载体。教学目标是理论性目标，而教学任务则是实践性教学目标。理论性教学目标是解决"为什么教与学"的问题，而实践性教学目标则是明确"教、学什么"——教、学的主题，特别是教、学过程中的重点和难点是什么；在学习过程中，学生注重学习的过程，如何顺利达成相关目标，以及学习素材应如何体现主题等。为此，在进行教学设计时，教师应认真研究与该单元或课题相关的学习主题，以及各主题之间的关系乃至有关例子、习题之间的递进关系和难易程度等。

（三）了解学生

学生自走进数学课堂始，就不是一张白纸，可任由教师在上面涂画。事实上，他们对数学已经有了自己的认识，而随后的学习是在其已有的认知结构的基础上进行的，甚至带有自己特点的行为倾向。

要了解学生，教师应当关注他们是否具备将要进行的数学教学活动所需要的知识、技能和数学方法，还需要了解学生的思维水平、认知特征、对数学的价值倾向、在数学活动方面的群体差异等，这是数学教学的基本前提。

（四）教学活动设计

基于对学习的分析和对学生的了解，教师就可以展开具体的教学活动（过程）设计了。当然，单元教学活动的设计，主要关注具体教学活动的顺序、侧重点，各个教学环节的学时安排以及具体素材的选取要求等。

三、说课

（一）说课及其意义

所谓说课，就是教师在备课的基础上，面对同行或教研人员讲述自己的教学设计和授课过程，然后由听者评说，达到相互交流、共同提高的目的。说课是备课的一种表现形式，是一种极好的教学研究和师资培养活动。

说课具有以下意义：

1. 提高备课质量

通过说课，教师需要将自己的教学设计和授课计划进行详细的讲解和展示，这会促使教师将备课提升到教学设计的高度，确保教学过程的合理性和有效性。同时，接受同行或教研人员的评价和建议，有助于发现和解决备课中存在的问题，进一步提高备课质量。

2. 展示教师才华和能力

说课为教师提供了展示自己聪明才智的机会和场所。通过清晰地讲解教学设计和授课过程，教师能够展示自己的专业知识、教学技能和创造力，可以增强备课的动力和积极性。

3. 提升教师素质

通过说课，教师不仅能够从同行和教研人员的评价中获取反馈和启示，还能够与其他教师进行经验交流和教学探讨，从而不断提升自己的教学水平和专业素养，进而成为优秀的骨干教师。

4. 落实教学改革成果

说课可以促使教师将教改实验的成果应用到教学实践中，并发挥实效。通过说课，教师可以借助同行的力量，将教学改革成果落实到实际教学中，推动教学质量持续提升。

（二）说课的类型及方法

说课可分为单元说课和课时说课。

1. 单元说课

单元说课是教师在教学过程中对某一教学单元进行详细讲解和展示的活动。在单元说课中，教师会对该单元的教学目标、教学内容、教学方法、教学资源、评价方式等进行系统性的说明，以确保教学过程的科学性和有效性。单元说课通常在教学活动进行到一定阶段之后进行，目的是总结前期教学工作的经验，规划和安排后续教学工作，同时接受同行或上级的评价和指导。通过单元说课，教师能够加深对教学内容的理解，明确教学目标和方向，提高备课和教学的质量，促进教学过程的不断改进和完善。同时，单元说课也是教师自我反思和提升的机会，通过与同行的交流和讨论，教师能不断提高教学水平和专业素养，为学生提供更加优质的教育服务。

2. 课时说课

课时说课是教师在实际授课过程中，针对某一节课程内容进行详细的解说和展示的活动。这种说课方式旨在向学生展示课程的目标、内容、方法和评价标准，以促进学生的学习理解和提高教学效果。在课时说课中，教师会结合具体的教学内容和教学过程，向学生介绍本节课的学习目标和重点，解释相关概念和知识点，说明学习方法和策略，并展示学习资源和评价方式。通过课时说课，教师可以激发学生的学习兴趣，增强他们对课程内容的理解和掌握，提高他们学习的动机和效率。同时，课时说课也是教师在授课过程中的一种反思和指导方式，通过向学生解释和说明课程内容，教师可以及时调整教学策略，加强对学习环节的设计和组织，确保教学过程的顺利进行和教学目标的达成。因此，课时说课在教学活动中具有重要的作用，能够提高课堂教学效果和学生学习成效。

（三）说课的注意事项

1. 目标明确

确保说课内容围绕教学设计和实施措施展开，重点突出，不要泛泛而谈。

2. 使用多媒体课件

利用多媒体工具展示教学设计和实施过程，确保说课内容的完整性和高效性。

3. 注意时序和时间分配

精心规划说课内容的先后顺序和时间分配，确保时间控制得当。

4. 保持节奏感

在说课过程中保持节奏感，结合说和演示，使内容有序、流畅、连贯。

5. 突出"说"字

强调说课的重点在于讲解教学设计思路和实施措施，不要生搬硬套或过于形式化。

6. 控制时间长度

说课时间不宜过长或过短，通常为 10～15 分钟。

7. 运用数学教育理论

在说课过程中运用数学教育理论分析和研究问题，不要局限于具体案例，提升说课水平。

综上所述，说课时需要有条不紊地讲解教学设计和实施过程，确保内容有重点、有逻辑、有说服力，以达到交流、分享和共同提高的目的。

（四）课时说课稿的一般格式及其要求

首先介绍单位、说课人、学科、使用教材、版本、课题。其次从教材、教学目标、教学重点和难点教学过程、教学设计说明等方面展开论述。

1. 教材简析

主要对以下四方面进行简明叙述，有明确的针对性和目的性。

（1）内容简析

对本节的教学内容、课时安排计划及本节课属第几课时进行说明。

（2）前提分析

对学习本节课的基础、这节课之前学生已学习的知识及掌握的程度进行简析。

（3）地位作用

针对这节课揭示的数学思想方法与技能，对能力培养等方面的意义和作用进行简要说明。

（4）课程标准要求

针对这节课的教学内容，对照课程标准，对其总目标要求进行陈述。

2. 教学目标

一节课的教学目标一般按认知目标、技能目标、情感目标、能力目标四个层次进行表述，教学目标应清晰、容易理解和把握，并具有可操作性。

3. 教学重点和难点

准确地确定一节课的教学重点和难点，并采取有效的措施突出重点、分散难点是上好一节课的重要保证，是一节课的关键和亮点，也是说课必不可少的一项内容。但有时重点也是难点，而难点未必是重点，在教学中要分清。

4. 教学方法与手段

在说课中，应按教学方法、学法指导、教学手段三项来说明。也可以按顺序来说明，但教法、学法的选择和界定要具有科学性，不可生搬硬套，出现表达不贴切的毛病，一节课不可把教法写（说）得很多，这样就很难突出特色。学法是自主、合作、交流、探索、练习等，要实事求是。至于使用投影仪、多媒体演示等方式，则属于教学手段。

5. 教学过程

教学过程是一节课教学设计的核心内容。根据课型和教学内容，它分为若干环节和层次，容量大、内容多，要想在较短的时间内展示给各位听课者，必须层次清楚、详略得当、突出重点地讲述。最好借助多媒体演示或投影等现代教育技术，这样既能取得满意效果，又可节约时间。

6.教学设计说明

教学设计主要是针对这节课的教学目标，教学重点、难点的确定，教学方法和学法的选择，教学过程的设计及其依据，采用的教学措施的特色，所具有的优势和意义，给予说明。

第二节　高等数学教学方案设计

教学设计方案不同于一般的教案。它建立在对学习过程和学习资源的系统分析基础上，因此更科学、更系统、更详细、更具体。

一、教案的内容

日常教学中，教师的教案有很大的差异，具有明显的个性化倾向。有些教师喜欢写出详细的教案，而有些教师则喜欢写出几条作为备忘，这主要取决于教师自己的习惯做法、学习活动的性质和对教案的管理要求。

一般情况下，教案要反映在备课过程中对教学的具体安排与思考，因此，在着手写教案之前，应充分考虑以下问题：

①本节课的教学目标是什么？

②教学重点、难点是什么？怎样引入本节课的课题？

③如何围绕教学重点设计教学过程？如何解决教学难点问题？

④何时提问？提问的对象、内容是什么？

⑤教学各环节所需时间分别为多少？各环节之间如何承上启下，过渡自然？

⑥配置哪些例题、练习题和作业题？讲解例题和做练习题的目的是什么？如何讲解例题？怎样安排学生做练习题？

⑦板书的内容和目的是什么？如何使板书科学、合理、美观？如何激发学生的学习兴趣，使学生积极主动地学习？

考虑清楚上述问题之后，教师可着手编写教案。教案有详略之分，但一般都包括说明、教学过程、注记三部分。

（一）说明

教案的说明部分主要包括以下内容：

①授课班级、授课时间。

②课题，即本节课的名称，必要时说明是什么内容的第几课时。

③教学目标，说明通过本节课的教学，学生必须达到的过程性目标与结果性目标。

④课型说明，本节课是新授课，还是练习课、复习课、讲评课等。

⑤教材分析，分析本节课的教学重点、教学难点等。

⑥教学方法及教学媒体，说明教学中使用的主要教学方法及教学用具。

（二）教学过程

教学过程是教案的主要内容，包括教学内容及其呈现顺序、师生双方的教学活动等。不同的课型有不同的教学过程。比如，新授课的教学过程一般包括复习导引、讲解新课、学生探究、巩固练习等环节。对于教学经验不太丰富的年轻教师，在教学过程设计中还应配有相应的板书设计。

（三）注记

注记包括以下两方面内容：

①对教学过程中出现的具体问题的补充说明，比如，当设计的教学过程不适合学生的实际情况时如何修正；学生回答问题或练习时，会出现什么情况，如何解决；倘若时间多余，可以补充哪些教学内容，等等。

②课后，教师对教学设计、教学活动的安排以及教学效果的总结与反思，包括教案实施情况、教学中的优缺点、课堂教学的效果、学生存在的学习困难、问题的特殊解法或普遍的解题错误以及教师的体会与感受等。

二、数学教学方案的格式

（一）课程信息

①课程名称。

②授课对象（年级、学生群体）。

③授课时间。

④教学地点。

（二）教学目标

①知识性目标。明确学生在本课程中应该掌握的数学知识和概念。

②能力性目标。说明学生在本课程中应该具备的数学技能和解决问题的能力。

③情感态度目标。阐述学生在本课程中应该培养的数学学习兴趣、态度和价值观。

（三）教学内容

①主要教学内容。列举本节课要涵盖的主要数学知识点和概念。

②教学重点和难点。强调本节课的教学重点和学生学习中遇到的难点。

（四）教学方法与手段

①课堂教学组织安排。描述教学活动的组织结构和时间安排。

②教学方法。说明采用的教学方法，如讲授、示范、讨论、实验、练习等。

③教学手段。列举使用的教学工具、教材、多媒体等辅助教学手段。

（五）教学过程设计

①教学步骤。具体说明课堂教学的步骤和顺序安排。

②活动设计。列举设计课堂上的各种教学活动，如引入活动、讲解、示范、练习、讨论等。

（六）教学评价

①评价方式。说明对学生学习情况进行评价的方式，如作业、测试、课堂表现评价等。

②评价标准。明确评价学生的标准和要求，如知识掌握程度、解决问题的能力、参与课堂讨论的程度等。

（七）教学资源准备

①教学用具准备。准备课堂教学所需的各种教学用具和材料。

②教材选择。确定使用的教材和参考资料。

（八）教学反思与改进

①教学效果评估。对本节课程的教学效果进行评估和反思。

②教学改进措施。针对教学中存在的问题提出解决措施和建议。

以上是一个典型的数学教学方案的格式和内容，可以根据实际情况进行适当的调整和补充。

三、数学教学方案的评价

（一）数学教学设计方案评价的意义

评价是指对人、事、物的作用或价值做出判断。数学教学设计方案评价是指对数学教学设计方案做出肯定或否定判断，并修改和完善。不但在数学教学设计过程中涉及多种因素的评价活动，而且在数学教学设计方案的实施过程中也贯穿评价活动。

1. 数学教学设计方案评价是数学教学设计活动的有机组成部分

高等数学教学设计方案评价是数学教学设计活动的重要组成部分，其目的在于评估教学方案的质量、有效性和适用性，以便对教学设计进行改进和提升。评价过程包括对教学目标、内容、方法、过程和效果等方面进行全面的分析和评估。

第一，评价应注重教学目标的合理性和明确性。教学目标应该明确反映学生应该掌握的数学知识和技能，以及期望达到的学习效果。评价应当检查教学目标是否与课程要求和学生实际情况相符合，是否具有可操作性和可达性。

第二，评价应关注教学内容的科学性和充实性。教学内容应涵盖所需的数学理论、概念和方法，具有一定的系统性和完整性。评价应当检查教学内容是否准确、清晰，能否满足学生的学习需求，以及能否激发学生的学习兴趣和思维能力。

第三，评价应考虑教学方法和手段的多样性和适用性。教师应根据教学内容和学生特点选择教学方法，教学方法具有启发性、互动性和灵活性。评价应当检查教学方法是否多样化、灵活应变，能否有效地引导学生学习和思考。

第四，评价应关注教学过程的组织和实施情况。教学过程应合理安排，具有条理性和逻辑性，能够有效地引导学生进行学习活动。评价应当检查教学过程能否充分调动学生的积极性和参与度，能否有效地解决学生的问题和困惑。

第五，评价应重点关注教学效果的实现情况和学生的学习成果。评价应当检查教学能否有效地促进学生的掌握知识和提升能力，能否培养学生的数学思维能力和创新能力，以及能否促进学生的全面发展和自主学习能力的提高。

综上所述，高等数学教学设计方案评价是一个综合性的过程，需要综合考虑教学目标、内容、方法、过程和效果等多个方面的因素，以便对教学设计进行科学、客观和全面的评估。

2. 评价使数学教学设计及方案更有效

通过有效的评价，可以及时发现教学设计中存在的问题和不足，进而进行改进和提升，使教学设计更加符合教学需要、更具针对性和实效性。以下是评价对高等数学教学设计及方案有效性的五个贡献：

（1）发现问题和改进方案

评价过程能够发现教学设计中存在的问题和不足之处，如教学目标不明确、教学内容不充实、教学方法不合适等，进而教师可以有针对性地进行调整和改进，提升教学方案的质量。

（2）促进教学创新和改革

评价过程有助于教师不断反思和创新教学方式和手段，探索适合学生学习特点和需求的教学模式，推动教学改革和创新，使教学更具活力和前瞻性。

（3）提高教学效果和学习成果

通过对教学设计及方案的评价，教师可以及时调整和优化教学过程，更好地满足学生的学习需求，促进学生的掌握知识和提升能力，获得预期的教学效果和学习成果。

（4）增强教师专业素养和能力水平

评价过程不仅有助于教师发现自身在教学方面存在的不足，还能够提升教师的专业素养和能力水平，促进其不断提高和成长，成为更加优秀和有影响力的教育者。

（5）促进教学质量持续提升

评价是教学质量持续改进的重要保障，通过不断地评估和反馈，可以实现教学质量的持续提升，不断适应社会发展和学生需求的变化，保持教学工作的活力和竞争力。

综上所述，评价是使高等数学教学设计及方案更有效的重要手段和保障，只有通过科学、客观、全面的评价，才能不断提升教学质量，更好实现教育目标和学生发展。

3.评价能激励和调控数学教学设计人员的工作热情与创造热情

评价在高等数学教学设计中不仅可以提供反馈和指导，还能够激励和调控教学设计人员的工作热情与创造热情。具体而言，评价对教学设计人员的激励和调控作用主要体现在以下四个方面：

第一，评价可以及时发现和肯定教学设计人员的优点和成绩。通过对教学设计成果的认可和肯定，可以有效地激发其工作热情和创造热情，增强其对工作的信心和动力，进而更加积极地投入教学设计工作中。

第二，评价可以帮助教学设计人员发现自身存在的不足和问题。通过对教学设计的缺陷和不足的评价，教学设计人员可以深入反思和总结教学经验，及时进行调整和改进，从而提升工作质量和水平。

第三，评价可以为教学设计人员提供专业发展和成长的机会。通过评价反馈，教学设计人员可以了解到自己在专业知识、教学方法、课程设计等方面存在的不足和需要提升的地方，进而有针对性地学习和提升，实现个人的专业发展和成长。

第四，评价可以激发教学设计人员的创造热情和创新意识。通过对教学设计的鼓励和支持，可以激发教学设计人员的创造性思维和创新能力，鼓励其不断探索和尝试新的教学方法和手段，从而为高等数学教学的不断改进和创新注入新的活力和动力。

综上所述，评价对于激励和调控高等数学教学设计人员的工作热情与创造热情具有重要作用。只有通过科学、客观、及时的评价，才能够更好地引导教学设计人员不断提升工作质量，更好实现教学目标。

4.评价能提高数学教学设计研究的水平，推动数学教学设计理论的发展

评价在数学教学设计研究中不仅能够提高数学教学设计的水平，还能够推动数学教学设计理论的发展。具体而言，评价对数学教学设计研究的水平提高和理论发展有以下三方面的积极影响：

第一，评价可以促进数学教学设计实践的不断改进和创新。通过对数学教学设计的评价，可以及时发现和纠正设计中存在的问题和不足，引导教学设计人员深入反思和总结设计经验，进而推动教学设计实践的不断改进和创新，提高设计水平和质量。

第二，评价可以促进数学教学设计研究理论的完善。通过对教学设计实践的评价和分析，可以积累大量的实践经验和数据，为数学教学设计理论的研究提供丰富的实证基础和理论支撑，从而促进数学教学设计理论的完善，推动其发展和创新。

第三，评价可以促进数学教学设计研究与实践的有效结合。通过评价反馈，可以及时发现教学设计研究与实践之间存在的薄弱环节和不足之处，引导研究者深入实践、深入调研，不断完善研究方法和工具，推动研究成果更好地应用到实际教学设计中，实现研究与实践的有效结合，提高教学设计的针对性和实效性。

综上所述，评价对于提高数学教学设计研究的水平和推动数学教学设计理论的发展具有重要作用。只有通过科学、客观、系统的评价，才能够不断促进教学设计实践的改进和创新，推动理论的深化和完善，实现教学设计与实践的有机结合，为数学教学的不断改进和创新提供有力支撑。

（二）数学教学设计方案评价的类型

根据不同的分类标准，数学教学设计方案的评价可以划分为不同的类型，包括诊断性评价、形成性评价、总结性评价、定量评价和定性评价。

1. 诊断性评价

这种评价是在教学设计活动开始前进行的，旨在评估教学设计的基础条件，为决策提供依据。它关注教学设计的主要问题、解决问题的关键、人员配备情况、培训需求、资金和时间等方面。

2. 形成性评价

形成性评价是在教学活动过程中进行的，旨在及时了解阶段教学的结果和学生学习的进展情况，以便及时调整和改进教学工作，以更好地实现教学目标和取得更佳效果。

3. 总结性评价

总结性评价是在教学活动结束后进行的，旨在检验教学活动的最终效果，以确定学生是否达到了教学目标的要求。学期末考试和考核属于这种评价类型。

4. 定量评价

定量评价通过统计分析、多元分析等数学方法，从量的角度总结评价数据中的规律和特征，揭示教学设计成果的质量水平。

5.定性评价

定性评价是对评价数据进行质的分析，运用逻辑分析的方法对数据资料进行加工，生成描述性的分析结果，强调对数据的分析、综合、比较、分类、归纳、演绎等思维过程。

这些不同类型的评价相互补充，共同为教学设计的优化和改进提供有效的依据和方法。

（三）数学教学设计方案评价的主要内容

高等数学教学设计方案的评价是在教学活动中评估教学设计的有效性、学生学习的效果以及教学过程中的问题和改进空间。该评价不仅可以提供反馈和指导，还可以促进教学设计水平的提升和教学方法的创新。

评价高等数学教学设计方案时，需要考虑以下几个方面：

首先，要评价教学设计的科学性和合理性。这包括教学目标的明确性和合理性、教学内容的丰富性和质量、教学方法的多样性和灵活性，以及教学资源的充分利用等方面。科学合理的教学设计能够有效地引导学生学习，提高学习效果。

其次，需要评价教学设计的可操作性和实施性。教学设计应该考虑教学环境、学生特点、时间安排等因素，具有可操作性和实施性。评价时需要检查教学设计能否在实际教学中顺利实施，是否存在难以克服的困难和问题。

再次，需要评价教学设计的创新性和适应性。教学设计应该具有创新性，能够引入新颖的教学理念、方法和手段，激发学生的学习兴趣和创造力。同时，教学设计也应该具有适应性，能够根据不同学生的学习需求和教学环境的变化进行调整和改进。

最后，需要考虑评价的方法和工具。可以采用定性和定量相结合的方法，使用问卷调查、观察记录、学习成绩等多种评价工具，综合分析教学设计的各个方面，得出客观、全面的评价结论。

总之，评价高等数学教学设计方案是一个复杂而细致的过程，需要全面考虑教学设计的各个方面，并采用多种评价方法和工具，以确保评价结果准确、可靠，为教学改进和提升提供有力支持。

第三节　高等数学教学课堂设计

数学课堂教学设计要遵循一定的程序，并以恰当的教学素材为载体。课堂教学设计是课堂教学活动的前提和基础，有道是"不打无准备之仗"，教学设计直接决定教学实施的效果。

一、课堂教学设计

数学课堂教学设计大致分为三个方面或层次：关于课堂教学总体考虑的宏观设计、对具体教学内容或教学活动环节的微观设计和创设学习氛围的情境设计。

（一）课堂教学的宏观设计

在教学过程中，既发挥教师的主导作用，又尊重和强化学生的主体意识，运用合作交流，把教师的教学过程和学生的学习过程统一在师生共同的探索研究中，同时在培养学生"浓厚的学习兴趣，强烈的学习愿望和科学的学习方法"方面有所作为。

宏观设计的前提是吃透教材，用"数学方法论"这把"解剖刀"弄清教学内容的性质、特点，纵横联系，这样做不仅事半功倍，而且自然、连贯、巧妙，给人一种"奇妙"的艺术享受。

（二）课堂教学的微观设计

数学课堂教学的微观设计，也叫微型设计，即对一个概念、命题、公式、法则或例题教学过程的设计，它是教学环节的具体化，以具体实现课堂教学总体构想为任务，是实现宏观教学设计构想的载体。

按照数学方法论的观点，微观设计也是知识生长过程的设想，这是一个简化的、理想的（顺乎自然又有必要的歧路）探索、讨论、发现过程的安排（设想）。

在教学过程中，教师可采取一系列的教学措施，如指导学生制作模型、画图、计算、网上搜集资料、运用图表整理资料、对资料进行观察、实验、提出问题、启迪思考、讨论、做出类比、联想、猜想、给出证明等。恰当安排教学活动，可以使学生动手、动口、动脑，打开通向大脑的六条通道（看、听、尝、触、思、做）中尽可能多的通道；开通六个智力中心（语言与逻辑、视觉、人际、音乐、内省、运动）中尽可能多的中心；参与知识的尽可能完整的生长过程（问题的提出过程，概念的建立过程，定理及其证明的探索发现过程，题目求解方案的制定、执行过程，对解答的检验、回顾、评价过程，对方法的归纳、综合整理过程等），使学生真正成为学习的主人。

数学作为人类活动的"痕迹"，它的实质、精神往往凝结在数学的对象、内容、方法和思想中，在做数学教学设计时，教师应当像考古学家一样，研究"数学考古学"，用数学史、数学哲学和数学方法，从数学概念、命题、法则、公式、"惯用手法"、基本数学符号等，推知事件的经过。这就是微观教学设计的辩证法。

（三）课堂教学的情境设计

课堂教学情境设计的目的是服务于宏观设计和微观设计，创设学术情境，渲染课堂气氛，调动学生的兴趣和学习数学的积极性。

对于体现同样的学习任务（目的）的学习内容，选择不同的表述方式及背景素材，所产生的学习效果是不一样的。

1.情境设计的主要任务

高等数学课堂教学情境设计的主要任务是为学生提供有利于学习和发展的教学环境，培养他们的数学思维能力、问题解决能力和创新能力。这个过程中的主要任务包括以下几方面：

首先，激发学生的学习兴趣和主动性。通过设计生动、具有启发性的教学情境，引起学生的兴趣和好奇心，激发他们主动探索、积极学习的欲望。这可以通过引入有趣的数学问题、应用案例、实际情境等方式实现，让学生在参与解决问题的过程中感受到数学的魅力和应用的实用性。

其次，培养学生的合作与交流能力。设计合作性的教学情境，让学生在小组或团队中共同探讨、合作解决问题，促进他们之间的交流和合作。合作学习不仅能让学生相互借鉴、互相学习，还能培养学生的团队合作意识和沟通能力，提高学生解决问题的效率和质量。

再次，提供丰富的学习资源和工具。设计丰富多样的教学情境，充分利用教学资源和工具，包括数字工具、实验设备、多媒体资料等，为学生提供多样化的学习体验和学习方式。这有助于满足不同学生的学习需求，提高他们的学习动机和学习效果。

最后，关注学生的个性化发展和素质提升。根据学生的不同特点和发展需求，设计个性化的教学情境，注重培养学生的创新思维、批判性思维和解决问题的能力。通过差异化教学和个性化指导，帮助每个学生充分发挥自己的潜能，实现全面发展和素质提升。

综上所述，高等数学课堂教学情境设计的主要任务是在营造良好学习氛围的基础上，通过激发兴趣、培养合作精神、提供资源支持和关注个性化发展等方式，促进学生的全面发展和素质提升，实现教育目标。

2. 情境设计的原则

（1）情境贴近实际

教学情境应当与学生的日常生活或实际工作紧密相关，以便学生能够将所学的数学知识和技能应用到实际情境中。

（2）问题导向

教学情境应当以问题或挑战为导向，激发学生的好奇心和求知欲，促使他们在解决问题的过程中学习和掌握数学知识和技能。

（3）合作与互动

教学情境应当鼓励学生之间的合作与互动，让他们与小组或团队成员共同探讨、合作解决问题，促进彼此之间的交流和学习。

（4）多样化表现

教学情境应当提供多种表现形式和学习途径，包括文字、图片、图表、模型、实验等，以满足不同学生的学习需求和学习风格。

（5）情感投入

教学情境应当引发学生的情感投入，让他们在学习过程中产生积极的情绪体验，激发学习兴趣和动力。

（6）启发思维

教学情境应当激发学生的思维活动，引导他们主动探索、独立思考，培养创新思维和解决问题的能力。

（7）反思与评价

教学情境应当促使学生反思和评价自己的学习过程和成果，帮助他们形成良好的学习习惯和自主学习能力。

（8）关注个性化

教学情境应当关注学生的个性化需求和发展特点，根据学生的不同背景和兴趣爱好，设计差异化的教学情境，帮助每个学生实现个性化发展。

以上原则可以帮助教师设计出符合学生学习需求和教学目标的高等数学课堂教学情境，促进学生的全面发展和素质提升。

二、课堂教学的实施

课堂教学是通过教师与学生的相互作用实现的，它是在教师、学生和知识构成的一个复杂性适应系统中，以数学为中介，通过师生、生生之间的信息交流、碰撞，从而促进学生获得数学知识、技能，提高自身素养的过程。影响教学实施的因素很多，例如，教师的数学观、教学理念，教学活动的组织方式，在教学活动中学生主体性的发挥程度，教学内容的内在特征和教师对它的理解程度等。数学课堂教学的实施，就是依据数学方法论指导数学教学的理论和原则，按照课程的教学设计，师生共同参与的一个教学研协调发展的过程。

（一）课堂教学特点

1. 抽象性和理论性

高等数学的内容较为抽象和理论化，涉及许多概念、定理和证明。因此，课堂教学往往需要通过严密的逻辑推理和抽象思维，引导学生理解和掌握数学理论和方法。

2. 逻辑性和严密性

高等数学课堂强调逻辑性和严密性，要求学生具备良好的逻辑思维能力和严密的推理能力。教学过程中，教师通常会对数学概念和定理进行严谨的推导和演绎，培养学生的逻辑思维能力。

3. 应用性和实用性

尽管高等数学具有较高的抽象性和理论性，但其涉及的数学方法和技巧在实际问题中具有广泛的应用价值。因此，课堂教学往往会注重培养学生应用数学知识和技能解决实际问题的能力。

4. 探究性和启发性

高等数学课堂鼓励学生主动探究和思考，培养他们的独立思考能力和解决问题能力。教师通常会通过提出问题、引导讨论和举例说明等方式，激发学生的求知欲和创造力。

5. 丰富性和多样性

高等数学的内容涵盖微积分、线性代数、概率统计等多个领域，具有多样的知识体系和方法体系。因此，课堂教学通常会呈现丰富的教学内容和多样的教学方法，以满足学生的学习需求和学习风格。

6. 提高性和深化性

高等数学课堂旨在提高学生的数学素养和思维能力，深化他们对数学知识和方法的理解和应用。教学过程中，教师通常会设置一些需要深入思考和探究的问题，引导学生对数学知识进行进一步的思考和拓展。

综上所述，高等数学课堂教学以其抽象性、逻辑性、应用性、探究性等特点，旨在培养学生的数学思维能力、解决实际问题的能力和创新意识，为他们的学术和职业发展打下坚实的基础。

（二）课堂教学一般程序

课堂教学大体上可以分为三个阶段，即课题导入、探索与课堂活动以及归纳与小结。

1. 课题导入

本阶段是指教师按教学设计和临场情况，简单自然地引导学生进入学习情境。

2. 探索与课堂活动

本阶段是教师根据实际情况，遵循教学设计原则，进入课堂教学过程。教师可参与活动，但主要起主持和导向作用。在这个过程中，教师要坚持渗透、选择使用以下八方面的数学教学方法。

①返璞归真。密切联系实际、提倡解决问题；培养数学意识、提高应用能力。由于数学是"量"及"量的关系"的科学，而"量"及"量的关系"是抽象的结果，抽象的思维总是遵循人们认知的一般规律，因此要"返璞归真"——"去

其外饰，还其本质"。教师要按数学概念的产生、数学命题的形成和数学论证方法的发现、发明和创新等发展规律，主导或参与数学课堂活动，引导学生认识、模拟知识的"自然"生长过程。

②发现、发明。揭示创造过程、再造心智活动；诱发数学兴趣、培育创新能力。由于认识、模拟数学知识的生长过程，必然涉及数学创造活动中的心智过程，因此要以数学学习心理学理论为指导，以课堂活动实际为依据，恰当"揭示"、准确"诱导"，使课堂活动自然有序地进行。

③数学史志。巧用数学史料，引用轶事趣闻；运用唯物史观，启发洞察能力。由于数学的发展规律可以从丰富的数学发展和丰富史料中归纳出来，因此，数学史和数学教育史在指导课堂活动中的作用不容忽视。

④（数学家的）优秀品质。介绍（数学家的）生平事迹、分析其成败缘由；培育科学态度、增强竞技能力。由于数学的形成和发展过程是知名的和佚名的数学家们在数学创造活动中所走过的路，所以，数学课堂活动必然涉及数学家们的研究方法及其研究成果，对数学家成长规律进行一般性分析，对于激发学习数学、进行数学活动的兴趣是很有意义的。

⑤以美启真。引进审美机制，运用审美原则；掌握美的策略，提高用美创美能力。由于数学的发现、发明和创造过程中，体现了人们的审美情趣和审美创造，所以课堂活动中，引导学生鉴赏数学美，以美启智、以美启真，充分发挥数学美在数学课堂活动中的有效指导作用，有利于有序展开数学活动，提高课堂教学效率。

⑥合情推理。包括教学猜想、教学发现，提高合情推理能力，让学生掌握科学思维方式。数学充分体现了数学思维的生动、机智和创造活力，在数学思维活动中应经常使用观察、实验、类比、联想、经验归纳和一般化、特殊化的合情推理方法。因此，合情推理方法应是学生在数学课堂活动中应当掌握并能够自觉使用的方法。

⑦演绎推理。包括教学证明、教学反驳，提高学生逻辑推理能力和解决实际问题的能力。从数学的抽象性和形式化的基本特征来看，数学的发展与完善，数学体系的建立，数学的广泛应用，必然离不开抽象分析法、公理化方法和数学模型方法等数学演绎推理方法。因此，在数学教学活动中，教师不仅要用这些方法

去教，更要引导学生有意识地运用这些方法去学习数学、研究数学，充分发挥以上方法在数学学习活动中的指导作用，通过数学活动，让学生掌握并能自觉运用数学演绎方法。

⑧应用能力。教师应教会学生应用一般解题方法，提高学生综合应用能力。学数学就要学习解题，从而与解数学题、证明数学命题结下不解之缘。因此，在数学课堂活动中，教师应运用广义的分析法、综合法、化归思想、关系映射反演（RMI）原则、波利亚一般解题方法研究所反映出来的解题策略和解题程序，通过练习题教学活动，有意识地引导学生去使用和掌握数学知识，提高学生的解题能力。

3. 归纳与小结

根据情况，可由学生或教师对课堂活动的内容，包括结论、方法、思想和遗留问题等做出小结。

课堂小结的方式有：

①归纳式小结。这是课堂小结的最常用方法。这样的小结将本节课所学习的内容加以归纳、总结，明确本节课的重难点，起到巩固、加深、强化的作用。这样能使学生对所学知识由零碎、分散变集中，同时使学生的知识结构更加条理化和系统化。

②问题式小结。一堂课结束后，想要知道学生对本节课知识的掌握情况，教师可以设计系列问题，通过这些问题来诊视，同时深化学生对课堂知识的理解，启迪应用的方法和途径。

③悬念式小结。在教学中，对于前后有联系的内容，一堂课内不能解释清楚的知识点，教师可以"设置"一个"欲知后事如何，且听下回分解"的悬念来结尾，它能激发学生的求知欲望，并告诉学生这些问题将在下节课得到解决，学生为了探根究底，会提前预习，为下节课打下学习的基础。

④延伸式小结。在数学科学的研究发展中，还有许多问题未得到解决。在新课结束时，教师可联系与课堂教学有关的问题，用激励的话语来鼓励学生，以便为学生将来探求数学领域中的奥秘打好基础，将课内知识延伸到课外。

（三）课堂教学实施的组织

高等数学课堂教学的实施组织需要遵循一定的步骤和原则，以确保教学的高效性和有效性。

首先，教师需要对教学内容进行合理的安排和组织，确保每堂课的内容连贯、层次清晰。

其次，教学过程中教师需要注重学生的参与和互动，采用多种教学方法和手段，激发学生学习的兴趣和主动性。同时，教师应根据学生的实际情况和学习水平，灵活调整教学策略和方法，使教学内容更加贴近学生的实际需求和理解能力。在课堂教学中，教师还应注意及时对学生的学习情况进行评价和反馈，帮助他们及时发现和纠正错误，确保达成学习效果。

最后，教学实施的组织还需要注重课堂管理和秩序维护，营造良好的学习氛围和环境，为学生的学习提供良好的条件和支持。

综上所述，高等数学课堂教学的组织实施需要考虑各个方面的因素，确保教学活动的顺利进行和学生学习效果的最大化。

第三章　数学方法论视角下高等数学教学方法

第一节　翻转课堂教学

一、什么是翻转课堂

翻转课堂（Flipped Class Model），也称翻转课堂教学模式，是一种创新教育的表现形式，在如今的现代化教学背景之下有很大的应用价值。

在传统教育中，教师会在课上给学生讲完知识再安排课后作业，让学生在课下完成相关的练习题。翻转课堂模式和传统模式是完全不同的，教师先综合教学资源设计教学视频，让学生利用课下碎片化时间完成对视频内容的学习，在课外学习数学知识，而在课堂上则进行师生与生生间的互动，教师主要组织答疑、交流、探讨和知识应用等一系列活动，进而确保教学效率和教学深度。

综上所述，翻转课堂是先由教师结合教学内容制作教学视频，然后要求学生自行安排课下时间完成视频学习，学完之后回到课堂上和教师及其他同学进行紧密的沟通，完成相关的练习与作业。

（一）翻转课堂不是什么

翻转课堂不是在线视频的代称，因为在这样的课堂上，不仅存在教学视频，还有师生互动，以及生生之间的交流探讨，这些综合活动构成了课堂整体。

翻转课堂不是用教学视频代替教师，而是先让学生在课下熟悉课程的主要内容。

翻转课堂不是在线课程，而是将线上线下课程进行有效整合形成的教育模式。

翻转课堂不是毫无秩序的随意性学习，它既有学生自主安排，也有教师的悉心指导。

翻转课堂不是让全班学生都看着电脑屏幕，进而完成整个学习活动。利用计算机学习教学视频是翻转课堂中必经的一个学习过程，但是这个过程不会耗费过多的时间，而且是由学生在课下完成的，课上时间则是师生的面对面交流。

翻转课堂不是让学生孤立地完成整体的学习活动。在这一过程中，教学视频、教师和学生都是互动参与的主体，发挥互相辅助与推动的作用。

（二）翻转课堂是什么

翻转课堂是重要的教学手段，能够让师生之间的互动交流时间得以延长，同时可以为学生的个性化学习提供良好机会。

翻转课堂是一个学生为自己负责的学习课堂，学生需要有较强的学习责任感，以便督促自己在课下完成视频学习，在课上与教师和其他同学讨论沟通。

翻转课堂中的教师是学生的教练，并非知识权威。翻转课堂混合了知识讲授和建构主义的学习模式，是一种混合型教育形式。

翻转课堂是学生虽然缺席课堂，但不会被甩在后面的高效教育课堂。

翻转课堂的教学内容可永久存档，也可用在学生的复习或者是补课学习阶段。

翻转课堂是全部学生都积极参与和互动的课堂。

翻转课堂是全部学生均能够拥有个性化学习机会且得到个性化学习指导的课堂。

（三）翻转课堂的特点与优点

翻转课堂最明显的特点就是学生拥有学习自主权和掌控权。学生可以把教师制作完成的教学视频作为学习根据，根据自己的学习需要，自主安排时间和进度。如果学生的学习能力很强，那么就可以快速学完视频资料。而学习和接受能力相对较弱的学生，通常需要在难度较大的地方，特别是重难点部分按下暂停键，假如在学完一遍之后，还是没有有效掌握，可重新观看视频，再次学习。学生观看视频的快与慢以及整体的学习节奏，均在学生的自我掌控范围中，如果已经懂了，可快进或跳过；假如没有看懂，可以重复看和反复看。另外，学生在观看视频进行学习的整个进程中，可以随时暂停思考，或者是对重要内容做好笔记，学生还可以利用在线平台向同学和老师求助，彼此沟通观看交流学习完教学视频之后的体会与感悟，掌握其他学生的学习状况，探讨彼此在学习中遇到的问题。这些都是传统教学模式无法实现的，更是以往根本不敢想象的。翻转课堂模式给学生带来了一种前所未有的学习新体验，让学生可以处在自由轻松而又和谐自主的环境中，不承受过大的心理压力，也不被沉重的学习负担压垮，不用担忧注意力偶尔不集中会出现知识缺漏，更不用担心没有办法跟上节奏而出现学习兴趣下降和自信心不足等问题。

翻转课堂的优点主要体现在以下三个方面：

1. 可以化解时间冲突矛盾

大学生通常面临课业压力和其他活动的时间冲突。翻转课堂允许学生在自己的空闲时间里预习课程内容，解决了时间冲突问题，使他们能够更好地掌握知识，不再担心错过重要内容。

2. 能够让学习吃力的学生得到有效的帮助

在传统教学中，学习能力弱的学生无法跟上教师的教学进度，而在翻转课堂中，学生可以在课外反复观看教学视频，直到理解为止，从而帮助他们突破学习瓶颈。

3. 能够强化课堂互动

翻转课堂使教师可以与学生合作，教师个性化地指导学习，也给予学生更多的自主学习时间。学生之间也更容易进行有效的交流和合作，促进了学生之间的互动，形成了共同学习的氛围。

二、微课在翻转课堂中的应用

（一）微课帮助实现翻转课堂教学模式

微课是一种短小、紧凑的教学资源，通常包含一段短视频和相关的学习材料，用于介绍某一特定主题或概念。微课的出现为实现翻转课堂教学模式提供了便利和支持。其一，微课具有高度灵活性，学生可以在任何时间、任何地点通过网络观看微课视频，因此不再受到传统课堂时间和地点的限制。这使得学生可以在自己的节奏和时间安排下预习课程内容，为课堂上更深入的讨论和学习做好准备。其二，微课可以提供生动的教学内容，通过图像、动画等形式展示知识，吸引学生的注意力，增强他们的学习兴趣。这种视听结合的教学方式更容易让学生理解和记忆知识点。其三，微课还可以结合在线测验、作业等形式，帮助教师了解学生对课程内容的掌握情况，为个性化教学提供数据支持。因此，微课为教师实现翻转课堂教学模式提供了有力工具，促进了学生的自主学习和深度思考。

（二）高等数学微课对课堂教学的作用

高等数学微课在课堂教学中发挥了重要作用。

首先，微课作为一种灵活的学习资源，可以为学生提供随时随地的学习机会。学生可以在课堂外的任何时间通过网络观看微课视频，从而预习或复习课程内容。这种便捷的学习方式能够充分利用学生的碎片化时间，增进他们对知识的接触和理解，提高学习效率。

其次，高等数学微课通常采用生动的形式呈现教学内容，如图像、动画等，能够吸引学生的注意力，激发学习兴趣，提升课堂氛围。这种视听结合的教学方式有助于学生更直观地理解抽象的数学概念和原理，提高他们的学习效果。

最后，微课还可以提供在线测验、作业等形式的互动内容，帮助教师及时了解学生的学习情况，为个性化教学提供数据支持。通过微课的应用，教师可以更好地把握学生的学习进度和水平，有针对性地进行课堂教学设计和指导。

综上所述，高等数学微课在课堂教学中扮演了重要角色，能够促进学生的自主学习、提高教学效果，并为教师提供更精准的教学支持。

（三）高等数学翻转课堂的实施方案

1. 规划课程内容

教师首先需要对课程内容进行规划和设计，确定哪些教学内容适合用于翻转课堂。教师通常选择一些基础概念性知识或理论性内容进行翻转，以便让学生在课堂上进行更深入的讨论和应用。

2. 制作微课视频

教师针对规划好的课程内容制作微课视频。这些视频应该简洁明了、内容清晰、结构严谨，以便学生在课堂外能够方便地理解和消化。

3. 分发微课视频

教师将制作好的微课视频分发给学生，要求学生在课堂前观看视频，预习相关内容。

4. 开展课堂互动

在课堂上，教师通过提问、讨论、解决问题等方式与学生互动，引导他们运用课前学习的知识进行思考和实践。教师可以通过小组活动、案例分析、实验演示等形式，加强学生之间的合作和交流。

5. 辅助学习资源

教师可以在课堂上提供一些辅助学习资源，如练习题、案例分析、实验数据等，帮助学生进一步应用和巩固所学知识。

6. 总结与反思

课堂结束时，教师对本节课的学习内容进行总结和回顾，强调重点和难点，鼓励学生继续学习和思考。同时，教师可以收集学生的反馈意见，了解他们的学习体验和遗留问题，为未来的课堂教学提供改进和优化的建议。

通过以上实施方案，高等数学翻转课堂能够有效地激发学生的学习兴趣，提高他们的学习效率和深度，促进教师与学生之间的互动与合作，能够更好地实现教学目标。

三、基于翻转课堂教学模式的高等数学微课教学实践

（一）基于翻转课堂教学模式的大学微课教学实施策略

高等数学课程与其他课程不同，拥有严密的逻辑，同时凸显出了概念性。甚至在很多情况下，一节课只够讲授几个公式、定理或者数学概念。面对教学时间严重不足的情况，应用翻转课堂模式，教师可以把教学内容制作成微课视频，之后把视频资料上传到平台上，让学生在课前自主完成视频内容的学习，让单调枯燥的数学课程变成声情并茂的新模式。课堂时间是非常有限的，如果学生有了课前的预习准备，课堂上的时间就会相对充足，可以让教师为学生答疑，也可开展小组合作学习活动，并完成一些公共知识的课堂练习，让学生升华知识。在课程结束后，教师和学生都参与到教学评价中，提出优化和改进的策略，保证教学质量与效率。

1. 课前准备

在实施翻转课堂教学模式下的高等数学微课教学之前，教师需要进行充分的课前准备工作。

首先，教师需要仔细研究课程大纲和学习目标，明确本节课的教学内容和重点。

其次，教师应根据教学目标和内容，选择合适的微课视频制作素材，确保视频内容准确、简洁、易懂。在制作微课视频时，教师需要注重语言表达和教学方

式，尽量采用生动形象的案例，以提高学生的学习兴趣和理解效果。同时，教师还需考虑视频的时长和结构，尽量控制在 10～15 分钟，确保学生能够学习时集中注意力。在视频制作完成后，教师需要将视频上传到学习平台或网络空间，确保学生能够方便地获取和观看。除了视频素材，教师还可以准备一些辅助学习资源，如习题集、参考资料等，以帮助学生巩固所学知识。

最后，教师需要向学生发布课前任务和学习指南，明确学生需要在课前完成的学习任务和要求，引导学生主动参与课前学习，为课堂教学做好充分的准备。通过以上课前准备工作，教师能够有效地引导学生进行自主学习和思考，为课堂教学的顺利开展奠定坚实的基础。

2. 课中阶段

在翻转课堂教学模式下的高等数学微课教学课中阶段，教师的角色不再是传统的知识传授者，而更像是学习的引导者和指导者。在课堂中，教师可以把微课视频所展示的知识内容作为学习的基础，然后通过各种形式的互动和讨论引导学生深入理解和应用所学知识。

首先，教师可以组织学生进行小组讨论，让他们分享对微课内容的理解和感想，相互交流和讨论，从而加深学生对知识的理解和记忆。

其次，教师可以设计一些有针对性的问题和案例，引导学生运用所学知识解决实际问题，培养他们的解决问题能力和创新思维。

再次，教师还可以利用课堂时间对学生的学习情况进行跟踪和评估，及时发现并解决学生的学习困难，确保每个学生都能够有效地掌握所学内容。

最后，教师还可以结合学生的学习需求和兴趣，设计一些拓展性的学习活动或者实践项目，让学生在课堂上得到更加丰富和全面的学习体验。

通过这些方式，教师能够充分发挥学生的主动性和参与性，激发他们的学习兴趣和潜力，实现课堂教学的有效展开和深入推进。

3. 课后阶段

在翻转课堂教学模式下的高等数学微课教学课后阶段，教师的角色并不限于课堂上，而是需要在课后继续发挥引导和辅导的作用，以确保学生深入理解和应用所学知识。

首先，教师可以设计一些作业或者练习题，让学生在课后巩固和强化所学知识，加深对知识的理解和记忆。这些作业可以包括基础题目、拓展题目及应用题目，以满足不同层次和不同需求学生的学习需求。

其次，教师可以鼓励学生积极参与课外学习活动，如阅读相关教材、参考资料或者浏览网络资源，进一步拓展自己的知识面和学习视野。同时，教师还可以为学生提供一些学习指导和建议，帮助他们高效地利用课外时间进行学习，提高学习效率和学习质量。

再次，教师可以通过各种方式与学生进行交流和互动，了解他们在学习过程中遇到的问题和困难并及时给予帮助和支持，促进学生的学习进步。

最后，教师还可以定期跟踪和评估学生学习成绩和学习情况，及时发现和解决学生在学习中遇到的问题，确保他们能够达到预期的学习目标和效果。

通过这些课后阶段的指导和支持，教师能够进一步加强对学生的教育引导，培养他们良好的学习习惯和自主学习能力，实现课堂教学的有效延伸和深化。

（二）基于翻转课堂教学模式的高等数学微课教学实施过程中的问题

在翻转课堂教学模式下，高等数学微课教学的实施过程中会面临一些问题。

首先，需要重视学生的学习态度和学习习惯对教学效果的影响。由于翻转课堂需要学生在课前自主学习相关知识，因此需要学生具备一定的自主学习能力和学习积极性，但有些学生缺乏自主学习的能力，导致他们在课前学习的效果不佳，影响后续课堂教学效果。

其次，翻转课堂对教师的教学能力和教学准备的要求较高。教师需要在制作微课和课堂教学设计方面投入大量时间和精力，以保证微课内容的质量和教学效果。教师还需要具备较强的课堂管理能力和教学指导能力，确保学生在课堂上能够积极参与和有效学习。

最后，教师对课堂时间的合理利用和内容安排也是一个挑战。翻转课堂需要教师合理安排课堂时间，既要保证学生有足够的时间进行课前自主学习，又要教师在课堂上进行有效的知识引导和深化讨论，教师需要在教学设计和实施中进行精心安排和把握。

综上所述，翻转课堂教学模式下的高等数学微课教学虽然具有诸多优点，但在实施过程中也会面临一些挑战和问题，需要学校和教师积极应对和解决。

（三）基于翻转课堂教学模式的高等数学微课教学实施路径

在实施翻转课堂教学模式下的高等数学微课教学时，可以采取以下路径。

第一，教师需要充分了解翻转课堂教学模式的理念和原则，理解微课的特点和制作方法，掌握运用数字化教学资源的技能。

第二，教师可以选择合适的高等数学内容，将其拆分为适合微课形式的小模块，制作相应的微课视频，确保内容简洁清晰、易于理解。

第三，教师需要在课前给学生布置观看微课视频的任务，并提供相关学习资料，引导学生在课前进行预习和思考。

第四，在课堂上，教师可以组织学生进行小组讨论、问题解答或案例分析等活动，加深学生对微课内容的理解和应用。

第五，教师可以针对学生在课前预习和课堂讨论中出现的问题和困惑进行解答和指导，帮助学生解决学习难题。

第六，教师可以安排课后作业或练习，巩固和拓展学生对微课内容的掌握，促进学生在实践中运用所学知识。

通过以上实施路径，教师可以有效地开展基于翻转课堂教学模式的高等数学微课教学，提高教学效果和学生学习兴趣。

第二节　案例教学

一、数学案例教学的相关概念

（一）案例教学的概念

教学案例编写和案例教学法的应用密不可分，案例教学通常是把教学案例作为重要载体，教师要想应用案例教学法，先要搜集和编辑案例。

实例教学是指教育者根据一定的教育目的，以案例为基本教学教材，将学习者引入教育实践的情境，通过师生之间、生生之间的多向互动、平等对话和积极研讨等形式，提高学习者面对复杂教育情境的决策能力和行动能力的一系列教学方式的总和。它不仅强调教师的"教"，更强调学生的"学"，要求教师和学生角色都要有相当大的转变。

（二）教学案例的概念

教学案例是指在教学实践中产生的具体事件、情境或问题，通常包括教学目标、教学内容、教学方法、教学过程及教学效果等方面的描述。教学案例旨在通过对教学实践中的真实情境进行记录和分析，为教师提供具体的教学经验和教学策略，帮助教师更好地理解和应对教学中的各种挑战和问题。教学案例既可以是单个教学活动的记录，也可以是一系列相关教学活动的整合，既可以包含成功的经验和教训，也可以包含未达到预期效果的教学实践。通过研究和分享教学案例，教师可以相互借鉴经验，提高教学水平，促进教学水平提升和教育教学理论的发展。

（三）数学教学案例的概念

数学教学案例是指在数学教学实践中产生的具体教学事件或情境，以及教师对这些事件或情境的反思和总结。这些案例涵盖了对教学目标、教学内容、教学方法、学生反应及教学效果等方面的描述和分析。数学教学案例旨在帮助教师更好地理解和应对教学中的挑战，促进他们的教学能力提升和专业水平发展。通过研究数学教学案例，教师可以分享成功的教学经验、反思失败的教学实践，并从中汲取教训，以提高自己的教学水平。此外，数学教学案例还可以为教育研究提供具体的案例材料，有助于深入探讨教学方法和策略的有效性，促进数学教育理论的发展。

（四）数学教学案例的特点

1. 真实性

教学案例基于真实的教学情境和事件，反映了实际的教学经验和挑战，能够确保案例的真实性和可信度。

2. 数学问题

教学案例涉及一个或多个具体的数学问题，这些问题通常具有典型性，能够代表某一类数学概念或现象，引发学生的思考和讨论。

3. 目标明确

每个教学案例都有明确的教学目标和预期效果，指导教师和学生在案例教学中的学习和实践。

4. 典型性

教学案例具有一定的典型性，能够代表某一类数学问题或教学情境，具有普遍适用性，能够促进学生对数学知识的理解和运用。

5.教育价值

教学案例选取的素材具有教育价值，能够激发学生的学习兴趣，引导他们深入思考和探索数学问题，促进他们学习数学。

二、高等数学课程应用案例教学的分析

（一）高等数学课程应用案例教学的可行性

高等数学课程应用案例教学的可行性在于其能够有效地促进学生深层次学习和培养实际应用能力。相比传统的理论讲解和公式推导，案例教学将数学知识与实际问题相结合，通过具体案例展示数学在现实生活中的应用，使学生能够更直观地理解抽象的数学概念和方法。这种教学方法能够激发学生的学习兴趣，提高他们的学习积极性和参与度，从而提升教学效果。

另外，案例教学能够培养学生的综合能力和解决问题能力。为了解决案例中的实际问题，学生不仅需要运用数学知识进行思考和推理，还需要具备创新思维和实践能力，以便提出有效的解决方案。这种过程能够培养学生的逻辑思维能力、问题解决能力及团队合作精神，能为他们未来的学习和工作奠定良好的基础。

因此，高等数学课程应用案例教学是一种非常可行的教学方法，能够更好地满足学生的学习需求，提高他们的学习动力和学习成效，为提高他们的综合素质和能力做出积极贡献。

（二）高等数学课程应用案例教学需注意的问题

1.合理选择案例

在实施高等数学案例教学时，教师需要注意合理选择案例，确保其符合教学目标和学生的学习需求。

首先，案例应当具有代表性和典型性，能够涵盖课程内容的重要知识点和核心概念，反映数学在实际生活中的应用情境。

其次，案例的难度应当适中，既能够激发学生的思考和探究兴趣，又不至于过于困难导致学生无法理解和应用。

再次，案例的设计应当具有挑战性，能够引导学生进行深入思考和探索，培养其解决问题能力和创新思维。

最后，案例的选择应考虑学生的背景和实际情况，确保其能够引起学生的共鸣和兴趣，激发其学习的积极性和主动性。

2.发挥好教师的主导作用

首先，教师应具备丰富的数学知识和教学经验，能够准确把握案例教学的内容和目标，引导学生理解和掌握数学概念、原理和方法。

其次，教师应扮演案例引导者的角色，通过提出问题、引导讨论、解释原理等方式，促进学生思维的启发和碰撞，引导他们积极参与案例分析和解决问题的过程。

再次，教师应充分发挥评价者的作用，对学生的表现及时进行评价和反馈，帮助他们发现问题、总结经验、提高能力。

最后，教师应担任组织者的角色，合理安排案例教学的过程和环节，调动学生学习的积极性和参与度，营造良好的学习氛围。

综上所述，教师在案例教学中的主导作用不可或缺，只有发挥好这一作用，才能够确保案例教学的顺利进行和有效实施，达到预期的教学效果。

3.案例教学与多种教学方式相结合

在实施高等数学案例教学时，需要注意将案例教学与多种教学方式相结合，以提高教学效果和促进学生的综合发展。

第一，案例教学应与讲授相结合。讲授是传授知识和理论的主要方式，通过讲解和示范，教师可以帮助学生建立起对数学概念和原理的基本认识，为案例分析和解决问题提供必要的理论支撑。

第二，案例教学应与讨论相结合。通过讨论，学生可以分享自己的观点和想法，与同学交流和互动，从而促进思维碰撞和思想碰撞，激发学生学习的兴趣和主动性。

第三，案例教学应与实验相结合。实验是学生探究和实践的重要途径，通过实验，学生可以深入理解数学概念和原理，培养科学研究的方法和能力，提高解决问题的实践能力。

第四，案例教学应与综合实践相结合。综合实践是将理论知识与实际问题相结合，通过综合性的实践活动，学生可以运用所学知识解决复杂问题，培养综合分析和综合创新的能力。

第五，案例教学应与评价相结合。评价是对学生学习情况和教学效果的反馈和检验，通过评价，教师可以及时发现和解决问题，促进教学过程的改进和优化。

综上所述，将案例教学与多种教学方式相结合，可以充分发挥各种教学方式的优势，提高教学效果和促进学生的综合发展。

（三）在高等数学教学中应用案例教学法的策略

1. 重构课堂设计方案

案例教学法对于高等数学教学不仅是一种教学方法，更是对课堂设计方案的重构。通过案例教学法，教师可以将抽象的数学理论与实际问题相结合，将数学知识应用于真实情境，从而激发学生学习的兴趣和动机。在课堂设计方案中，教师可以精心挑选与课程内容相关的案例，并将其融入教学过程中，作为引入、拓展或应用的一部分。

案例教学法重构了传统的课堂设计方案，注重培养学生的解决问题能力和思维能力。在案例教学中，学生需要通过分析、讨论和解决实际问题，运用所学的数学知识和方法来解决具体的问题。这种学习方式强调了学生的主动参与和合作学习，与传统的被动接受知识相比，更加符合现代教育的理念和需求。

此外，案例教学法也促进了跨学科的融合和综合能力的培养。在解决实际问题的过程中，学生需要综合运用数学知识、逻辑思维、分析能力以及其他学科的知识和方法，这有助于拓展学生的视野，提高其综合能力。

因此，通过案例教学法重构课堂设计方案，教学更加生动有趣、贴近实际，有利于学生的全面发展。

2. 巧用双边互动教学

案例教学法在高等数学教学中巧妙地结合了双边互动教学，将学生置于更加积极参与和合作的学习环境中。双边互动教学注重师生之间的交流和互动，而案例教学法则提供了一个具体的学习场景和问题情境，为师生的互动提供了更有力的支持。

首先，案例教学法通过引入具体的案例情境，激发了学生学习的兴趣和动机，使其更加积极主动地参与教学过程。学生在分析和解决案例问题的过程中，需要主动思考、讨论和合作，这促进了学生与教师之间、学生与学生之间的双向交流和互动。

其次，双边互动教学强调师生之间的平等互动和合作共建学习氛围，而案例教学法为实现这一目标提供了良好的契机。在案例教学中，教师不再是传统意义上的知识传授者，而是学生学习过程中的引导者和协作者，与学生一起探讨问题、解决困难、分享思考。这种师生合作的互动模式有助于打破传统的教师中心教学模式，营造更加活跃、积极的学习氛围。

最后，案例教学法结合双边互动教学的特点，注重学生的主动学习和培养批判性思维能力。在案例情境中，学生需要通过分析和解决问题，运用所学的数学知识和方法，主动探索和发现解决问题的途径，这有助于培养学生的独立思考能力和解决问题能力。

因此，巧妙地将案例教学法与双边互动教学相结合，不仅可以提高教学效果，还可以促进学生的综合能力和创新能力的培养，推动高等数学教学朝更加活跃、深入和有意义的方向发展。

3. 采取多种形式丰富案例教学法

（1）真实案例

以真实的数学问题或数学应用场景作为案例，让学生在实际情境中探索和应用所学的数学知识和技能，增强学习的实践性和应用性。

（2）模拟案例

模拟真实情境或构建虚拟环境，创造具有实验性质的案例，使学生能够在模拟环境中进行实践操作和数学推理，培养解决问题的能力。

（3）多媒体案例

利用多媒体技术，设计制作数学教学视频、动画、互动课件等形式的案例材料，以生动直观的方式呈现数学概念和问题，激发学生的学习兴趣和提高学生的注意力。

（4）学生案例

鼓励学生自主收集、整理和分享数学问题和解决方法，将学生自身的学习经历和实践案例作为教学材料，供其他同学参考和学习，促进学生之间的互动和交流。

（5）小组案例

将学生分为若干小组，每个小组研究一个数学案例，通过合作讨论、共同解决问题，培养学生的团队合作能力和交流能力，促进学生之间的互助学习和共同成长。

（6）案例比赛

组织学生参加案例设计、解决或演示比赛，鼓励学生积极参与、展示自己的数学才华和解决问题的能力，激发学生的竞争意识和创新潜力。

采用多种形式的案例教学，可以更好地满足不同学生的学习需求和兴趣特点，激发学生的学习动力和创造力，提高教学效果以及学生学习的深度和广度。

三、高等数学案例教学法的应用实践与实施成效

（一）案例教学的应用实践

1. 案例教学在函数中的应用实践

（1）实际问题的建模

引入实际生活中的问题，如物理、经济、生态等领域的问题，并通过函数的建模方法对其进行分析和求解。例如，建立数学模型来描述天体运动、人口增长、经济增长等现象，让学生掌握函数在实际问题中的应用。

（2）函数图像的分析

选取不同类型的函数，如线性函数、二次函数、指数函数、对数函数等，并让学生通过观察函数图像来分析函数的性质、特点和变化规律，从而深入理解函数的概念和性质。

（3）函数的优化问题

引入最优化问题，如求解函数的最大值、最小值等问题，并通过具体案例来说明函数优化问题的求解方法和应用场景，培养学生的解决问题能力和数学建模能力。

（4）函数的变化趋势分析

选取不同函数及其参数的取值范围，让学生观察函数图像的变化趋势，并分析参数对函数图像的影响，从而探讨函数的变化规律和调节参数对函数图像的影响。

（5）函数的应用案例研究

选取具体的函数应用案例，如质量—时间函数、温度—时间函数等，并让学

生通过实际案例来探讨函数的应用场景和解决实际问题的方法，培养学生的实际解决问题能力和数学应用能力。

通过以上案例教学的实践，可以帮助学生更加深入地理解和掌握函数的概念、性质和应用，提高他们的数学思维能力和解决问题能力，提高他们的数学学习效果和培养兴趣。

2.案例教学在线性代数中的应用实践

（1）线性方程组的实际问题

引入实际生活中的线性方程组问题，如工程问题、经济问题、管理问题等，并通过案例来解释线性方程组的概念和应用，让学生了解线性方程组在解决实际问题中的重要性和应用场景。

（2）矩阵的应用案例

选取不同的矩阵应用案例，如网络模型、投资问题、图像处理等，并通过案例教学来说明矩阵在解决实际问题中的应用方法思路，培养学生的矩阵应用能力和解决问题能力。

（3）线性变换的几何意义

通过案例来解释线性变换的几何意义，如平移、旋转、缩放等，并通过实例让学生理解线性变换对几何图形的影响，从而深入理解线性代数的几何意义和应用。

（4）特征值和特征向量的应用

选取不同的特征值和特征向量应用案例，如主成分分析、结构动力学分析等，并通过案例教学来说明特征值和特征向量在解决实际问题中的应用方法和重要性，培养学生应用特征值和特征向量能力。

（5）线性代数的实际应用

引入线性代数在工程、物理、计算机科学等领域的实际应用案例，如数据压缩、信号处理、电路分析等，并通过案例教学来说明线性代数在实际问题中的广泛应用和重要性，培养学生的数学建模能力和应用能力。

3.案例教学在概率论与数理统计中的应用实践

（1）概率模型的实际问题

引入各种实际问题，如人口统计、产品质量控制等，通过案例让学生了解概率模型在实际问题中的应用，培养他们的概率思维和解决问题能力。

（2）随机变量与概率分布的案例

选取不同的随机变量和概率分布的应用案例，如正态分布、泊松分布、二项分布等，在实际问题中解释这些概率分布的特点和应用场景，让学生了解随机变量和概率分布的概念和应用方法。

（3）统计推断的实际案例

引入统计推断的应用案例，如假设检验、置信区间估计等，在实际问题中说明统计推断的原理和应用方法，让学生掌握统计推断的基本理论和实践技能。

（4）抽样调查与数据分析案例

选取不同的抽样调查和数据分析案例，如问卷调查、市场调研、数据挖掘等，在实际问题中应用统计方法和技术进行数据分析，让学生了解抽样调查和数据分析的步骤和方法，培养他们的数据处理和分析能力。

（5）应用案例的实验设计

引入实验设计的应用案例，如因子试验设计、方差分析等，在实际问题中设计和进行实验，分析实验数据并得出结论，让学生了解实验设计的原理和方法，培养他们的实验设计和分析能力。

（二）案例教学法的实施成效

1. 改变了传统教学模式

传统的数学教育往往以灌输式教学为主，学生被动接受知识，课堂呈现单调乏味。而案例教学法通过引入真实案例，打破了传统的教学模式，使课堂更加活跃和富有趣味性。学生通过参与案例讨论和解决问题，积极参与教学过程中，提高了学习的主动性和积极性。

2. 缩小了理论与实践的差距

案例教学法将抽象的数学理论与实际问题相结合，使得学生能够更好地理解数学知识的实际应用。学生通过分析和解决实际案例，加深了对数学理论的理解并提高了运用能力，缩小了理论与实践之间的差距。

3. 提高了学生的综合素质

案例教学法注重培养学生的综合能力，包括解决问题能力、创新能力和团队合作能力等。学生讨论和解决问题的过程中，不仅掌握了数学知识，还培养了解决实际问题的能力和团队协作精神，提高了综合素质。

4.促进教学相长

案例教学法要求教师更加灵活地运用各种教学方法和手段，主动引导学生学习，并与学生共同探讨问题。在案例教学的过程中，教师不仅是知识传授者，还是学生学习的引导者和促进者。通过与学生的互动和交流，教师不断提高自己的教学水平，实现了教学相长。

综上所述，案例教学法在高等数学教学中的实施成效显著，为学生提供了更加丰富和有效的学习体验，促进了他们的综合素质和能力的提升。

第三节　实践教学

一、高等数学实践教学

（一）高等数学实践教学的作用及意义

我国数学教育的一个突出特点就是基础好，但是很长一段时间以来，实践教学始终处于边缘和角落，没有人对其高度关注，所以自然没有让学生的实践能力得到有效的发展。学生的实践能力，尤其是解决实际问题的能力较弱。所以，数学教育在抓好理论教学的同时，更要给予实践教学发展空间。要加强对学生实践能力的培养，不仅可利用数学解题或撰写论文的方法，还可利用数学实验与建模，用计算机软件完成实际计算的一部分内容，让学生切实领悟数学和实际生活之间的密切关系，让学生的实践意识和能力得到综合发展。

开设数学实践课程，能够让数学和生活之间的关系更加紧密，增强学生的参与度，让学生的天性得到释放。通过数学实践课程，学生可以感受到生活中处处有数学的身影，更加自觉地整合数学和实际，试着从数学角度观察周围的世界，处理身边的问题，比如，高铁晚点、排队打饭、电梯停留规律等。通过数学实践课程，学生可以学会借助数学方法解决问题，增强参与社会生活实践的主动性，如运用数学抽样法分析城乡居民的金钱观、家庭观等，并提出相应的对策。

（二）高等数学实践教学模式的特点

1. 实践性强

高等数学实践教学模式注重学生的实际操作和实践能力培养，通过实验、计算、建模等实践活动，学生可亲身参与数学问题的解决过程中，加深对数学理论的理解和掌握。

2. 问题导向

实践教学模式以问题为导向，通过解决实际问题引导学生学习数学知识。教学活动围绕实际问题展开，学生需要运用所学的数学知识和方法分析和解决问题，培养了解决问题能力和创新思维。

3. 群体合作

实践教学通常以小组合作的形式展开，学生需要与小组成员相互合作、协商，共同完成实践任务。通过团队合作，学生不仅能够学会团队协作和沟通技巧，还能够培养团队精神和领导能力。

4. 多样化教学手段

高等数学实践教学模式采用多种教学手段，如实验教学、计算机模拟、现场考察等，以满足不同学生的学习需求和兴趣，提高教学效果。

5. 培养实践能力

实践教学模式注重培养学生的实践操作能力和数学建模能力，使他们具备独立开展科学研究和工程实践的能力。通过实际操作和实践探究，学生可以掌握数学知识的应用技能，提高解决实际问题的能力。

综上所述，高等数学实践教学模式具有实践性强、问题导向、群体合作、多样化教学手段和培养实践能力等特点，能够有效提高学生的学习兴趣和能力，促进他们的全面发展。

（三）数学实践教学的具体课程与开设

目前，高等数学教学中的主要实践教学课程是数学实验和数学建模。

数学实验属于新兴课程，是高等数学课的补充内容，是不断完善数学教育系统、推动高等数学教育创新的有益尝试。数学实验课程主要是在教师的指导下，以学生亲自动手操作为主，注重指导学生借助计算机平台、利用数学软件，探索数学概念与定理，分析数学知识点的性质，加深对所学内容的掌握，用所学知识和操作技术，选用恰当的软件解决实际问题。数学实验课让学生确立了应用数学的思想观念，也让学生可以在这一思想的引领下，开展一系列的实践活动。另外，数学实验课程将数学教学与现代教育技术结合起来，充分利用了计算机、网络技术和数学软件，培养了学生计算数值和处理数据的能力。

数学建模是联系数学理论知识与实际应用的必要途径和关键环节。渗透数学建模思想方法，让学生了解其中的一些原理与技巧，对于学生学习数学来说，有非常突出的作用。其一，能够让低年级学生在较早时期就了解数学建模的有关内容，受到基础性的建模思想培训，为学生参与建模竞赛活动打下坚实根基。其二，能够帮助学生更加扎实地掌握基础知识，让学生体会数学的应用价值，促使学生掌握从实际问题中提炼数学内涵的方法，培养学生应用数学的理念，让学生的综合素养得到发展。

所以，无论从高等数学课程的教学方面还是学生本身素质能力的提高方面来说，数学实践教学课程都是非常重要和必要的。一方面，教师应该逐步将数学实验、数学建模思想方法在重要数学课程中进行体现和循序渐进地渗透。推广渗透的原则是：集中精力针对课程核心概念与重点，精选要整合渗透的建模内容。这样的渗透融合方法最为明显的特征与优势就是善于和实际联系。事实上，数学中有很多概念方法就是抽象于实际问题的数学模型，对应着实际原型，学生可从生活中获得启发。另一方面，把数学实验课和建模课作为常态化课程，使其成为选修课程中的重要内容，突出应用能力和建模能力的培养，也凸显算法和计算机发挥的巨大价值，让学生的建模素养与计算机素质共同发展。

二、高等数学实践教学的实施方法

（一）改进教学内容，强化数学的应用性

高等数学实践教学的改进主要体现在对教学内容的重新设计和强化数学的应用性方面。传统的高等数学教学往往偏重于理论知识的传授，而在实践教学中，教学内容更加贴近实际应用，引入更多的实际案例、问题和应用场景，让学生将数学理论与实际问题相结合，从而更加深入地理解数学知识的实际应用价值。

一方面，改进后的高等数学实践教学内容将更加注重培养学生的问题解决能力和创新思维。通过引入具有挑战性和探索性的实际问题，激发学生的学习兴

趣，培养他们发现问题、分析问题、解决问题的能力，使他们在实践中逐步提高数学应用的能力。

另一方面，改进后的高等数学实践教学内容将更加注重培养学生的数学建模能力和实践操作能力。引入与实际应用相关的数学建模案例，让学生通过建立数学模型来描述和解决实际问题，从而加深对数学理论的理解和应用。同时，通过实践操作，如实验、计算、数据分析等，学生能亲身参与数学问题的解决过程，提高他们的实践操作能力和数学应用技能。

综上所述，改进后的高等数学实践教学内容将更加强调数学的应用性，通过引入更多的实际案例和问题，培养学生的解决问题能力、创新思维、数学建模能力和实践操作能力，使他们能够更好地将所学的数学知识应用于实际生活和工作中。

（二）循序渐进，实施分段数学实践教学

高等数学实践教学的分段实施是一种循序渐进的教学方法，通过将实践教学内容分解为不同的段落或阶段，逐步引导学生从简单到复杂、由浅入深地掌握数学应用技能和提高解决实际问题的能力。

首先，分段实施数学实践教学能够有效地降低学生的学习难度，使学生在较为简单和具体的问题中逐步建立起对数学知识的基础认识和应用能力。教师通过在初级阶段引入简单的实际案例和问题，学生能从实际生活中找到与数学知识相关的场景，逐步理解数学知识在解决实际问题中的应用方法。

其次，分段实施数学实践教学能够提高学生学习的兴趣和主动性。在每个阶段的教学过程中，教师可以根据学生的实际情况和学习进度，灵活调整教学内容和教学方式，使学生在参与实践的过程中感到学习的乐趣和成就感，激发他们的学习兴趣和主动性。

再次，分段实施数学实践教学有利于教师对学生的学习情况进行及时监测和评估。教师通过在每个阶段结束时对学生的学习情况进行评估和反馈，及时发现学生存在的问题和困难，有针对性地进行指导和帮助，促进学生的学习进步和成长。

最后，分段实施数学实践教学能够帮助学生逐步提升系统完整的数学应用能力。教师通过在不同阶段引入不同类型和难度的实际问题，逐步拓展学生的数学应用领域和解决问题能力，使他们能够全面掌握数学知识，并能够灵活运用于实

际生活和工作中，进而达到数学实践教学的最终目的。

三、高等数学实践教学的保障

（一）教师观念的改变，是高等数学实践教学顺利实施的基础

传统的数学教学模式往往偏重于传授理论知识和培养应试技巧，忽略了数学知识在实际生活和工作中的应用。而随着社会的发展和教育理念的更新，人们对数学教育提出了更高的要求，希望学生不仅能够掌握数学知识，更能够将其灵活运用于解决实际问题。

因此，教师在实践教学中必须转变观念，从传统的知识传授者转变为学习的引导者和实践的促进者。其一，教师需要意识到实践教学是数学教育改革的必然趋势，积极主动地接受和倡导实践教学理念。其二，教师需要增强对实践教学的认识和理解，认识到实践教学是培养学生综合素质和解决问题能力的有效途径。其三，教师需要不断提升自己的实践能力和教学技能，通过不断学习和实践，不断完善教学方法和手段，提高教学效果和质量。

此外，教师还应重视与学生的互动和沟通，关注学生的学习需求和兴趣，根据学生的实际情况和学习水平，灵活调整教学内容和教学方法，使教学更贴近学生的实际需求和生活经验，提高学生学习的积极性和主动性。最后，教师需要树立正确的教育理念和价值观，坚持以人为本、因材施教的原则，关注学生的全面发展和个性发展，引导学生树立正确的学习态度和价值观，培养学生的创新精神和实践能力，为他们的未来发展打下坚实的基础。

（二）新的数学教学理念的认同与实施，是高等数学实践教学深入开展的保障

随着教育理念的不断更新和社会需求的变化，传统的数学教学模式已经不能满足当今学生的学习需求和社会的发展要求。因此，教育界普遍认同采用新的数学教学理念，将实践教学作为教学改革的重要方向和突破口。

首先，新的数学教学理念强调将数学知识与实际生活和工作紧密结合，注重培养学生的解决实际问题能力和创新能力。教师应该引导学生积极参与实践活动，将抽象的数学概念与具体的实际问题相联系，使学生更加深入地理解和掌握数学知识，提高学生对数学的应用能力和实践能力。

其次，新的数学教学理念倡导以学生为中心，注重培养学生的学习兴趣和学习能力。教师应该充分尊重学生的个性和差异，根据学生的实际情况和学习需求，灵活调整教学内容和教学方法，激发学生的学习积极性和主动性，提高他们的学习效果和学习质量。

最后，新的数学教学理念强调教育的整体性和综合性，注重培养学生的综合素质和综合能力。教育不仅是传授知识，更重要的是培养学生的思维能力、创新能力、合作精神和实践能力，使他们具备终身学习能力和终身发展能力，为他们的未来发展打下坚实的基础。

因此，只有教师认同并积极实施新的数学教学理念，才能够真正促进高等数学实践教学的深入开展，为学生提供更加优质的教育资源和更加丰富的学习体验，促进学生的全面发展和个性发展，为社会培养更加优秀的数学人才，为国家的科学技术和经济建设做出更大的贡献。

（三）学生的踊跃参与，是高等数学实践教学模式顺利进行的根本

学生的踊跃参与是高等数学实践教学模式顺利进行的根本。在实践教学中，学生的积极参与是很重要的，它直接影响教学效果和学生的学习体验。

首先，学生踊跃参与能够增强他们对课程内容的兴趣和热情，激发他们学习的动力。通过亲身参与实践活动，学生能够更加直观地感受到数学知识的应用和实际意义，增强对数学学科的兴趣和学习的信心，从而更加主动地投入学习过程中，提高学习的积极性和主动性。

其次，学生踊跃参与能够促进他们的思维能力和创新能力的发展。在实践教学中，学生需要积极思考和探索解决实际问题的方法和途径，培养解决问题的能力和创新精神。通过与同学们的讨论和交流，学生能够开阔思维、拓宽视野，培养团队合作精神，提高问题解决的效率和质量。同时，学生踊跃参与还能够激发他们的竞争意识和求知欲望，促进他们的个性发展和全面成长。

最后，学生踊跃参与也是教师教学工作的重要保障和支撑。在实践教学中，教师需要积极引导学生参与课堂活动，激发他们的学习兴趣和学习激情，调动他们学习的积极性和主动性，从而更好地实现教学目标和完成教学任务。因此，只有学生踊跃参与，积极投入实践教学中，才能够顺利推进教学进程，取得良好的教学效果，实现教育教学的双赢。

第四章　高等数学多元化教学方法

第一节　项目式教学方法

一、高等数学项目式教学的主要特点

项目式教学法最显著的特点是以项目为主线、教师为引导、学生为主体，培养学生的合作交流与实践能力和知识框架[1]。与传统式教学方法相比，高等数学采用项目式教学方法能够有效提高学生思考和解决问题的能力，它主要呈现以下特点。

（一）教师角色转换，学生成为课堂主人

在高等数学教学过程中，教师的角色是学生学习的协助者。在较为放松的课程计划中，教师扮演着为学生提供专业性辅导的角色，旨在帮助学生顺利完成具体的项目。与传统的教师主导型教学相比，教师更多地扮演引导者和指导者的角色，提高学生参与学习过程的主动性和创造性。教师不仅向学生传授知识，更应该成为学生学习路上的导航者，引领他们探索知识的奥秘，找到解决问题的方法，并培养其批判性思维和解决问题能力。通过提供专业的指导和支持，教师可以激发学生的学习兴趣，增强他们的学习动力，从而让他们更有效地学习。

（二）组建学习小组，自发学习意愿增强

学生可以围绕高等数学课程的具体学习内容，结合自己的专业知识提前自学相关理论，并自行组建互助学习小组。通过提前自学，学生可以对课程内容有更深入的理解和掌握，为课堂学习打下良好的基础。同时，学生可以根据自己的专

---

[1] 张玉平，曹南斌，董昌州，等. 项目教学在高等数学教学中的设计与实施 [J]. 教育教学论坛，2020（46）：281-283.

业背景和兴趣，选择适合的学习方法和资源，例如参考教材、查阅相关资料、观看教学视频等，以提高学习效率和质量。

组建互助学习小组有助于学生之间相互交流、讨论和合作，共同解决学习中遇到的问题和困难。在小组学习中，学生可以相互借鉴、分享学习经验和技巧，共同探讨和理解课程内容，促进彼此之间的学习和进步。通过小组讨论和合作，学生不仅可以更深入地理解课程知识，还可以培养团队合作能力、沟通能力和领导能力，提升综合素质。

这种自主学习和合作学习的模式有助于激发学生学习的兴趣和动力，提高他们的学习自觉性和学习效果。同时，通过自主学习和小组合作，学生能够培养自主学习和团队合作的能力，为未来的学习和工作打下坚实的基础。

（三）整合学习内容，提升学生的综合素养

高等数学项目式教学中的每个项目都有一个明确主题，学生围绕该项目主题构建新的知识体系并掌握一定的技能。学生可以自主学习并综合利用多领域的知识和技能来解决问题。它横向打通学科边界，通过问题驱动、协同教学、评价改革，改变高等数学课程教与学的传统方式，从而让教育回归知识和人的"整体"属性，在完整的学习中成就学生发展综合素养，培养自己的批判性思维，锻炼合作和自我管理的能力❶。

二、高等数学项目式教学的实施步骤

（一）确立项目主题

根据高等数学课程教学内容创设当前所学习内容与现实情况接近的项目主题，提出具体任务，以激发学生完成项目的兴趣。在确立项目主题时，教师要进行科学规划，明确一个基于真实情境的驱动问题❷。项目主题既要有利于教学的开展，又要有利于调动学生的学习积极性。比如，教师可以根据高等数学课程具体培养方向和学生的实际水平来确立项目主题，让学生充分结合现实生活

---

❶ 洪清娟.基于提升初三学生化学思维品质的项目式学习设计——以探秘铁粉型的暖贴为例 [J].化学教与学，2019（7）：18-21.

❷ 梁志远.项目教学法在模具专业中的应用 [J].大科技，2017（24）：35-36.

的实例多思考。

（二）分解项目内容

在项目式教学中，一旦确定项目主题，学生就需要在情境中拆解出核心的数学问题。在这个过程中，学生可以利用已具备的学科知识或生活经验，从多个角度对问题进行分析和理解。同时，教师可以根据实际情况将总项目分解为若干个"阶段任务"，并且这些"阶段任务"可以进一步细化为更小的"分任务"。

项目内容的分解是项目开始的关键步骤。通过将项目内容细化，将一个看似难以完成的大任务分解为多个难度较小的具体任务，有助于学生逐步培养解决问题的能力，并且有助于确保学习的方向和目标明确清晰。

这种分解的方法有助于学生更好地理解和掌握项目的内容和要求，避免学生在面对庞大的任务时感到迷茫和无措。同时，通过分解任务，教师可以更好地监督学生的学习进度，及时给予指导和反馈，确保项目的顺利进行和完成。因此，项目内容的分解对于项目式教学的有效实施非常关键，它为学生提供了清晰的学习路径和目标，为他们的学习提供了有力的支持和指导。

（三）自主探索学习

在分解完项目任务后，学生需要查找相关资料，独立思考和自主探究解决每个"分任务"的具体方法。这一过程的重点在于引导学生独立思考和主动参与，让他们梳理知识点，探索最佳的解决方法，为完成项目主题奠定基础。在这个阶段，学生的主要任务是制定项目实施的具体步骤和方法，而教师则主要关注学生的做法是否正确，并提供启发性的指导。

在学生独立思考和探索的过程中，教师主要起到引导和指导的作用。教师可以根据学生的需求和困难，提供必要的支持和帮助，引导他们选择合适的解决方案和方法。同时，教师也可以提供一些案例或实例，帮助学生更好地理解和应用所学的知识，激发他们学习的兴趣和动力。

这个阶段的关键在于培养学生的独立思考能力和解决问题能力，让他们在实践中不断地探索和尝试，从而提高学习效果和能力。因此，教师在此阶段的主要任务是为学生提供必要的支持和指导，引导他们正确地完成项目任务，并在实践中不断提升自己的学习能力和技能水平。

（四）完成项目

在完成项目的阶段，每个学生将根据已制定的项目任务来实现目标。此阶段的重点在于将理论付诸实践，即从完成高等数学的"分任务"到"阶段任务"再到"总任务"的全过程。在这一环节，教师需要解答学生的疑难，并给予适当的指导。例如，告诉学生需要完成的项目是什么，适当提醒学生先做什么、后做什么。这样可以避免接受能力较差的学生在面对高等数学项目任务时感到束手无策。

在这个阶段，学生需要将他们之前的学习和思考付诸实践，积极地参与项目的实施中。他们会遇到各种问题和困难，需要及时向教师寻求帮助和指导。教师则需要根据学生的实际情况，给予个性化的指导和支持，帮助他们顺利地完成项目任务。同时，教师还可以适时地对学生的学习进展进行评价和反馈，指出他们做得好的地方，并针对他们做得不好的地方提出改进的建议，以促进他们的进步和成长。

通过完成项目任务的实践过程，学生不仅可以加深对高等数学知识的理解和掌握，还能够提高解决问题的能力和实践能力。同时，他们也可以通过与同学的合作和交流，分享经验和心得，实现共同进步。这样的项目实践教学模式能够有效地激发学生学习的兴趣和积极性，提高他们的学习效果和能力。

（五）学习评价

学习评价是学生学习效果的重要反馈，高等数学项目任务完成以后要及时进行总结评价，以促进学生的进一步发展。这一过程首先可以由学生自己评价，再由学生相互评价，最后由教师讲解关键知识点或重要知识点，并对项目工作结果进行评价、总结和提高。比如，根据项目完成的有效程度，教师及时做出评价和反思，学生可以根据得到的反馈不断修改项目内容或完成项目产出的迭代，从而促进学习效率的提升。

高等数学课程传统教学模式已经不能适应现代高等教育发展需求，我们需要改变现有教学模式，建立一种新型教学模式以适合现代企业用人的需求。[1] 高等

---

❶ 刘辉.基于分层教学法的高等数学教学模式构建［J］.黑龙江科学，2018，9（23）：24-25.

数学项目式教学作为一种新的教学模式，打破了传统的灌输型教学方法，"以项目为主线、教师为引导、学生为主体"，引导学生主动参与、自主协作、探索创新。在高等数学课堂中引入项目式教学理念，可以改变以往"教师讲、学生听"的被动教学模式，有效提升高等数学课程课堂教学质量。但现实中高等数学项目课程的开发和实施，仍然需要深入地研究，并在教学实践中不断完善和深化。

第二节　美学教学方法

一、数学美学教学方法的概念

（一）数学美的定义

作为科学家语言的数学，具有一般语言文学和艺术所共有的美的特点，即数学在其内容结构和方法上也都具有自身的某种美，即所谓的数学美❶。数学美是数学科学的本质力量在感性与理性方面的显现，是人类思维结构的表达。它蕴含真实而深刻的美，既反映了客观世界的规律，又能够活跃地改造和塑造这个世界。数学美具有第一性美和第二性美的特征，它不仅在形式上具有美感，更在内容、严谨性、结构、整体性、语言表达、方法与思路、逻辑抽象、创造性和应用性等方面展现出美的特质。

数学美的第一性美体现在其形式上，包括美学的基本要素如对称性、比例、规律性等。而第二性美则更深层次地体现在数学内容的内涵上，包括公式和定理的美感、结构的美感及整体的美感。此外，数学美还体现在语言表达的精巧与优雅、方法和思路的美感、逻辑推理的严谨和美感，以及创造性和应用性方面的美感。

总体而言，数学美不仅是一种审美体验，更是数学科学的核心价值和魅力所在。它启发人们的智慧，促进人们对世界的探索和理解，展现人类思维的高度和深度，是人类文明的重要组成部分。

---

❶ 黄坚.数学美与数学美学教育探讨［J］.中国职业技术教育，2004，31，28-29.

（二）数学美的内容与特征

数学美是一种抽象而深刻的美感，体现在数学科学的内容和特征中。其内容主要包括形式美、内容美、严谨美、结构美、整体美、语言美、方法美、思路美、创造美和应用美等方面。在形式美方面，数学美展现了对称性、比例、规律性等基本美学要素的优雅，使数学公式、定理、图形等具有艺术性的美感。内容美则体现在数学理论的内涵和深度上，表现为数学概念的深刻性、公式的简洁性及定理的深刻性等方面。严谨美强调了数学推理和证明的严密性和准确性，体现了数学科学的严谨性和可靠性。结构美体现在数学对象之间的有序关系和组织方式上，使得数学系统呈现出优美的结构和组织形式。整体美强调了数学理论和方法的整体性和完整性，体现了数学科学的统一性和完整性。语言美则表现为数学语言的简洁、准确和优美，使得数学思想和理论更加清晰和易于理解。方法美强调了解决数学问题的方法和策略的美感，体现了数学思维和方法的灵活性和多样性。思路美强调了解决问题的思维路径和逻辑推理的美感，体现了数学思维的严密性和深刻性。创造美体现在数学思想和方法的创新性和独创性上，展现了数学科学的创新活力和发展潜力。应用美则体现在数学理论和方法在解决实际问题中的应用上，使得数学科学具有实践意义和社会价值。这些内容和特征共同构成了数学美的丰富内涵和多维表现形式。

（三）数学美学教学方法

数学美学教学方法是一种探索数学美感的方式和途径，旨在揭示数学中的美学特征和美学内涵。数学美学方法包括以下五种：

1. 形式分析法

通过对数学对象的形式特征和结构特点进行深入分析，探讨其对称性、比例性、规律性等美学要素的体现，从而发现数学的形式之美。

2. 内容研究法

深入研究数学理论和定理的内涵，探讨其中隐藏的深刻思想和哲学意义，从而揭示数学美的内容之美。

3. 方法比较法

比较不同数学方法和证明技巧的优缺点，探讨它们的美学特征和美学价值，从而发现数学美的方法之美。

4. 历史考察法

研究数学发展历程中的经典成果和重要思想，探讨数学家们的创作过程和思维路径，从而领略数学美的历史渊源和文化底蕴。

5. 教育实践法

通过数学教育的实践活动，引导学生感知数学美的存在和意义，培养其对数学美的欣赏能力和审美情趣，从而促进其学习数学和提升人文素养。

这些方法相互交叉、相互促进，共同构成了探索和理解数学美的重要途径，为引导学生深入认识数学的美感提供了有益的思路和方法。

二、统一美的教学方法

（一）数学中的统一美

数学中的统一美指的是不同数学分支之间、不同数学概念之间及不同数学定理之间存在的内在联系和统一性。这种统一美体现在以下五个方面：

1. 内在统一性

尽管数学涉及多个分支和领域，但在其背后存在内在的统一性。例如，微积分、线性代数、概率论等看似独立的数学分支，在某种程度上可以相互联系和统一，共同构成了数学的整体框架。

2. 抽象与概括

数学以抽象的符号和概念为基础，通过抽象和概括的方法，揭示了不同数学对象之间的共性和普遍规律，从而展现了数学的统一性。

3. 数学结构的统一

数学中的许多概念和定理都具有相似的结构和形式。例如，集合论中的并、交、补运算与布尔代数中的逻辑运算、线性代数中的矩阵运算等，都展现了数学结构的统一性。

4. 数学思想的统一

不同的数学思想之间存在内在的统一性。例如，数学中的对称性思想在几何、代数、分析等多个领域都有重要应用，体现了数学思想的统一性。

5. 数学方法的统一

尽管数学研究方法各异，但各种方法背后存在共同的逻辑和推理规律。数学方法的统一性体现在推理的严密性、证明的一致性及问题求解的通用性等方面。

总之，数学中的统一美体现了数学世界的内在秩序和协调性，为我们理解和探索数学的深层结构提供了重要线索，也启示我们在数学研究和应用中追求整体性和统一性的重要性。

（二）数学的统一美的教学方法推动数学及其他科学的发展

数学的统一美，美在揭示了数学的普遍联系上，美在数学对客观世界的真实反映上，从而拓展了人们洞察世界的广度和深度，使人们获得更多的新成果、理解更多的新现象，对未知事物做出更可靠的预言，并使数学与其他科学结合，在改造世界中取得更大的胜利。追求数学的统一美，必将促进数学及其他科学的进一步发展。

在数学发展的历史过程中，一直存在分化和整体化两种趋势。数学理论的统一性主要表现在它的整体性趋势。欧几里得的《几何原本》把一些空间性质简化为点、线、面、体几个抽象概念和五条公设及五条公理，并由此导出一套雅致的演绎理论体系，显示出高度的统一性。布尔巴基学派的《数学原本》用结构的思想和语言来重新整理各个数学分支，从本质上揭示数学的内在联系，使之成为一个有机整体，在数学的高度统一性上给人以美的启迪。

数学和其他科学的相互渗透，导致了科学数学化。比如，力学的数学化使牛顿建立了经典力学体系。建立在相对论和量子论两大基础理论上的物理学，其各个分支都离不开数学方法的应用，它们的理论表述也采用了数学的形式。化学的数学化加速了化学这门实验性很强的学科向理论科学和精确科学过渡。生物的数学化形成了生物数学，使生物学日益摆脱对生命过程进行现象描述的阶段，从定性研究转向定量研究，生物数学化的方向必将同物理学、化学的数学化方向一样，把人类对生命世界的认识提高到一个崭新的水平。不仅自然科学普遍数学化了，而且数学方法也进入了经济学、法学、人口学、史学、考古学、语言学等社会科学领域，日益显示出它的作用。

总的来说，数学的统一性思想，不仅是数学美的内容和特征之一，还是数学发现中的一种美学方法，同时是数学家们所追求的目标之一。事实上，也正是这种数学本质的反映，才使得数学家们对统一美产生如此大的兴趣，从而在理论和方法的研究上取得丰富的成果。

三、对称美的教学方法

对称性是一种最能给人以美感的形式。对称性逐渐成为一项美学准则，广泛应用于建筑、造型艺术、绘画及工艺美术的装饰中。古往今来，人们喜欢对称的事物，对称给人以美的视觉享受，从许多中外著名的建筑、艺术珍品中可以看到对称之美，如天坛的建筑、天安门的建筑、颐和园长廊的建筑及马来西亚的双子塔等。对称是宇宙和自然界的基本属性，也是事物为适应周围环境而生存发展和繁衍生息的自然规律，充分展现出事物协调环境、自我完善的、和谐的自然属性。在现实世界中，对称的形象有很多。例如，人体的外形左右对称。至于人类制作出来的东西，小到衣物、装饰等方面，大到高楼大厦等建筑，处处都有对称的设计。

（一）对称与对称美

数学中的对称性是一种普遍存在且极具美感的特征，它体现在不同层面和不同领域中，展现出丰富多彩的形式和内涵。

首先，对称性在几何学中表现得最为直观，例如轴对称、中心对称、平面对称等，这些对称性赋予了图形优雅和和谐的外观，为我们提供了审美的享受。

其次，在数学中，对称性不仅限于几何形态中，还涉及代数、函数、命题、布尔代数等多个领域，如函数与其反函数的对称性、命题的对称关系、布尔代数中的对偶关系等，这些都体现了数学中对称的普适性和多样性。

最后，对称性还推动了数学的发展，激发了人们对新概念和新理论的探索，如代数运算中的逆运算、数域的扩张等都与对称性密切相关。

总之，数学中的对称美不仅是一种审美享受，更是一种深刻的思维方式和内在的结构特征，它激发了人们对数学的热爱和探索欲望，推动了数学知识的不断拓展和深化。

（二）对称美的解题方法

数学美的内涵包括对称性、和谐对称、简单统一等特征，这些特征贯穿于数学的各个领域和概念中。对称性是数学美的重要表现形式之一，它体现在几何图形的对称关系以及各种数学概念、公式和定理之间的对称思想上。在教学过程中，教师可以通过设计教学内容和引导学生思考，向学生展示数学美的内涵，激发学生对数学的兴趣和热爱。将数学美的特征融入教学中，可以培养学生的思维能力、创造力和解决问题能力，提高他们对数学思想方法的领悟力，从而促进他们对数学的学习和理解。通过对称性的方法解决数学问题，可以使解题过程更加简洁明了，提高解题效率，培养学生的直觉思维能力和形象思维能力。数学中的对称美不仅体现在几何图形和函数形式上，还体现在对称性的方法和思想上，如轮换对称性等，这些对称性的特征都是数学美的重要组成部分，对于学生理解数学的本质和深入研究数学问题具有重要意义。

四、奇异美的教学方法

（一）奇异性与奇异美

奇异性是指数学中原有的习惯法则和统一格局被新的事物突破，从而令人极为的惊愕与诧异，同时赢得人们的赞赏与叹服。奇异性包含奇特、新颖和出乎意料的含义，如数学中出人意料的结果、公式、新思想、新理论、新方法等。简洁美、对称美、统一美都反映了数学的协调、调和，但如果仅是这样，数学的美也许会显得单调，奇异美给数学这幅图画增添了色彩与生机，使其更加光彩夺目。数学上许许多多出人意料的巧合让人们对数学的美更加流连忘返。数学结论的奇异往往令人惊叹不已，解题方法的独特常常令人陶醉神往，它能使学生感受到创造的喜悦和成功的乐趣，养成科学的态度和顽强的事业心。

奇异美是数学的重要特征之一，体现在数学中的非常规现象和意想不到的结果上。奇异美展示了数学的无限可能性和智慧的光芒，常常给人以出人意料和令人震惊的体验。数学中的奇巧、突变是奇异美的表现形式，反映了现实世界中的非常规现象，给数学注入了无限生机。

然而，在数学美的统一性特征下，应该如何理解奇异性特征呢？实际上，统一性与奇异性之间存在一种辩证的对立统一关系，类似于客观世界中普遍与特殊、一般与个别之间的辩证关系。统一性和奇异性是不可分割的两个方面，不能片面追求统一而排斥奇异，也不能片面追求奇异而排斥统一。只有将这两个方面结合起来，才能在更高的层次上实现统一，这是对奇异性特征的正确认识。

奇异美与和谐美是数学美的两个侧面，它们统一于数学的美学中。有时候，确定性存在于不确定性中，和谐存在于奇异中。数学科学本质上就是一种将不确定转化为确定、将奇异转化为和谐的科学，比如，洛必达法则是化不确定为确定的典型工具。数学的基本思想就是将复杂的问题简化，将困难的问题变得容易，将模糊的问题变得精确，将不确定的问题变得确定，将奇异的问题变得和谐。函数的极限与连续是数学分析中的重要内容，而处处连续而处处不可导函数的出现则展示了数学的奇异美，提醒我们自然界与社会生活并不总是像我们所期待的那样规律和一致。

（二）奇异美的特点

1. 突变性

突变是一种突然而剧烈的变化，表现为事物从一种状态向另一种状态的飞跃。它的突发性和出人意料的特点给人一种新奇的感觉。在数学世界中，突变现象是相当常见的。例如，连续曲线的突然中断、函数的极值点、曲线的尖点等都展示了突变的特性。

法国数学家托姆创立的突变论正是研究自然界和社会中某些突变现象的一门数学学科。托姆运用拓扑学、奇点理论和结构稳定性等数学工具，来研究自然界和社会中一些事物形态、结构突然变化的规律。托姆给出的拓扑模型既形象又精确，展示了一种独特的美感。这些数学模型能够帮助人们更好地理解和描述突变现象，为理解自然和社会中的复杂变化提供了重要的工具和方法。

2. 反常性

反常性指的是对常态、常规的突破，常常以矛盾冲突的形式创造新的数学对象，从而丰富了数学的内容并推动了数学的发展。这种突破常规的特性给人一种革旧立新、开拓进取的美感。

数学的反常性主要表现在以下五个方面：

①反常事实。例如，德国数学家魏尔斯特拉斯在 1856 年提出的一个处处连续又处处不可导的函数，与传统认知"连续函数至少在某些点处可导"形成了矛盾冲突。

②反常命题。例如，非欧几何的命题"三角形的内角和小于二直角"与欧氏几何的"三角形的内角和等于二直角"相反。

③反常运算。例如，哈密顿四元数代数中的"四元数乘法不可交换性"与传统代数学的"乘法交换律"相矛盾。

④反常理论。例如，勒贝格积分与黎曼积分的差异，以及非欧几何与欧氏几

何的对立。

⑤反常方法。例如，数学家肯普利用计算机证明"四色定理"，超出了传统数学手工式证明的研究模式。

这些反常现象不仅丰富了数学的内涵，也挑战了人们对数学的传统认知，促进了数学理论的发展和完善。反常性的存在使数学更加多样化和富有活力，体现了数学的丰富性和深刻性。

3.无限性

无限性在哲学和数学领域一直以来都是一个深奥而引人入胜的话题，它具有深远、奥妙无限、充满美的魅力。在集合论中，无限性命题引人惊叹，其中一些命题包括：

①"无限集合可以和它的子集建立元素之间的一一对应关系。"这个命题表明了无限集合的奇特性质，即无限集合的某些子集可以和整个集合建立一一对应关系，这意味着无限集合的大小没有被子集限制，展示了无限的概念在集合论中的深刻影响。

②"两个同心圆的圆周上的点存在一一对应关系。"这个命题展示了无限性的另一个奇妙之处，即使是看似有限的空间中，也存在无穷多的点，这些点之间可以建立一一对应关系。这个简单的例子揭示了无限概念在几何学中的重要性和普适性。

这些无限性命题激发了人们对于无限概念的探索和理解，挑战了人们对于现实世界和数学世界的直觉认知，也启发了人们对于无限概念的哲学思考和数学研究。无限性的奥秘和魅力使其成为哲学家和数学家永恒的追求对象，不断激发人类智慧的探索和创造。

4.神秘性

神秘的东西都带有某种奇异色彩，使人产生幻想和揭示其奥妙的欲望。某些数学对象的本质在没有充分暴露前，往往会使人产生神秘或不可思议之感。当然，在人们认识到这些数学对象的本质后，其神秘性就自然消失了。

（三）奇异美促进数学科学的发展

1.奇异美促进学生对数学的深刻理解

奇异美在数学中的存在不但令人惊叹，而且对于学生深刻理解数学起到重要的促进作用。数学中的奇异性和突变性展示了数学的丰富多样性和无限可能性，这种突破常规的特性激发了学生的好奇心和求知欲。

首先，奇异美展示了数学世界的非凡之处。通过学习和探索数学中的奇异现象，学生能够认识到数学并不是一成不变，而是充满了变化和创新。这种认识有助于学生形成开放的思维，敢于面对新的挑战和问题。

其次，奇异美鼓励学生超越传统思维模式。在解决奇异性问题的过程中，学生不得不摆脱常规思维的束缚，寻找新的解决方法和思维路径。这种跳出传统的思维模式，有助于培养学生的创造性思维和解决问题的能力。

最后，奇异美能够激发学生学习数学的兴趣和热情。与传统的、单调的数学教学相比，奇异美呈现出全新的、充满活力的数学世界，吸引学生的目光，激发他们对数学的好奇心和探索欲望。这种积极的学习态度有助于学生更深入地理解数学知识，提高学习效率和学习成绩。

因此，奇异美在数学教育中具有重要意义。教师可以通过设计生动、具有挑战性的奇异性问题，激发学生学习的兴趣和动力，引导他们深入探索数学的奥秘，从而加深他们对数学的理解并提高他们对数学的应用能力。

2. 奇异美促进数学科学的发展

奇异美不仅是数学发展的产物，也是推动数学科学不断向前发展的源泉之一。

首先，奇异美激发了数学家们的好奇心和求知欲。数学中的奇异性和突变性往往挑战了人们对数学规律的传统认知，促使数学家们不断深入研究，探索其中的奥秘。正是因为对奇异美的追求，数学家们才会勇于面对困难和挑战，不断寻求新的解决方案和方法。

其次，奇异美激发了数学领域的创新和发现。数学中的奇异性问题往往具有独特的特点和复杂的结构，它们需要数学家们运用创新的思维和方法来解决。在解决奇异性问题的过程中，数学家们往往会提出新的理论和方法，推动数学科学的发展。

最后，奇异美拓展了数学领域的研究范围。数学中的奇异性问题涉及各个领域，如微积分、代数、几何等，对它们的研究不仅丰富了数学的内容，也促进了不同领域的交叉与融合。通过对奇异性问题的研究，数学科学得以不断地向前发展，推动了整个数学领域的繁荣和进步。

因此，奇异美对数学科学的发展具有重要的促进作用。它激发了数学家们的求知欲和创新精神，推动了数学领域的创新和发现，拓展了数学研究的范围，为数学科学的发展注入了持续不断的动力和活力。

五、简洁美的教学方法

（一）简洁与简洁美

人们在认识世界与改造世界的过程中，达成了这样的共识：真理常常是简洁的，本质常常是简洁的。简洁美是客观规律特征的显示，在简洁的背面常常可以抓住事物的本质结构，也常常可以抓住真理；简洁的东西易于为人类所把握，简洁有助于提高思维的效率。简洁不是贫乏、肤浅，简洁是少而精，是充实与深奥的凝练。

数学以高度抽象、极其简洁的形式和思想反映了客观世界，这里所说的简洁，不是肤浅、贫乏、低等，而是凝练、概括、深奥。在杂乱无章的客观现象中抽象出来的数学概念、理论、方法，用一个简单、清晰的数学形式表现出来，然后又反过来解释、处理更多的客观事物和现象，这就是数学的简洁美。简洁美并不是简单、初等，而是用简单的原理、公式概括大量复杂的事实，具有深远意义。

（二）简洁美是最突出的数学美

简洁美是数学美的最突出表现之一，因为数学以其简单明确而受人喜爱。数学中的简洁美常常与统一美相辅相成，它奠基于复杂性，展现出独特的美感。在数学研究中，考虑到简洁性和统一性同等重要，因此简洁性的考虑是数学家们研究工作中不可或缺的一部分。

爱因斯坦强调科学理论的逻辑简单性，他认为一个理论的美取决于其原理的简单性，而不是技术上的难度。因此，在数学领域，对简洁性的追求常常与对称美、统一美和奇异美相互交织。简洁美不仅表现在表达形式上，还体现在数学对象的对称性、统一性和奇异性中。

数学的简洁美与奇异美有密切的关系。新奇的效果源自简单性，而新奇又成为追求简洁之美的动力。解析几何的建立就实现了数学简洁美与奇异美的统一，将代数问题转化为几何图形进行研究，并运用数形结合的方法来分析问题，既使解法简洁明快，又能欣赏数学的奇异之美。

总之，简洁美是数学美的突出表现之一，它融合了对称美、统一美和奇异美的特点，体现了数学美的综合性和丰富性。在数学研究和发展中，对简洁美的追求不仅是一种审美追求，更是推动数学科学不断向前发展的动力之一。

（三）简洁美的数学呈现形式

数学的简洁美主要表现为数学逻辑结构、数学方法和表达形式的简洁美。

1. 数学逻辑结构的简洁美

数学逻辑结构的简洁美是指数学中所研究的各种对象、概念、定理以及它们之间的关系所展现出来的简单而严谨的特性。这种美学特征在数学中占据重要地位，因为简洁的数学逻辑结构能够清晰地传达思想，使复杂的问题变得易于理解和解决。

数学逻辑结构的简洁美主要表现在以下四个方面：

（1）概念的简洁性

数学概念的定义通常是简单而明确的，能够精准地描述数学对象的本质特征。例如，欧几里得几何中的点、线、面的概念，以及代数学中的群、环、域等概念，都具有简单而明确的定义，使人们能够准确理解并应用它们。

（2）公式和定理的简洁性

数学中的公式和定理通常以简洁而精炼的形式表达，能够用最少的符号和语言描述最丰富的数学内容。

（3）结构的简洁性

数学结构的组织和关系通常具有简洁的形式，能够清晰地展示各个部分之间的逻辑联系和内在规律。例如，集合论中的集合与运算、代数结构中的群论和环论、拓扑空间中的拓扑结构等，都体现了数学结构的简洁之美。

（4）证明的简洁性

数学中的证明通常以简洁而严谨的逻辑推理展开，能够清晰地表达证明思路和结论。简洁的证明不仅能使人们更容易理解和接受数学理论，还能激发人们对数学的兴趣和热情。

综上所述，数学结构的简洁美是数学美的重要体现之一，它体现在数学概念、公式、定理和证明等方面，使数学成为一门深邃而优雅的学科。

2. 数学方法的简洁美

数学方法的简洁美体现在其简单而高效的解决问题方式和思维模式中。优秀的数学方法能够用最少的步骤和最简单的原理解决复杂的问题，展现出数学的思辨和抽象能力。这种简洁美不仅体现在方法本身的简单性上，还表现在其灵活性和普适性上。

简洁的数学方法具有以下特点：

（1）逻辑清晰

数学方法通常以清晰的逻辑推理为基础，每一步都能够严格地推导出下一步的结果，使整个解题过程连贯而清晰。

（2）步骤简单

优秀的数学方法能够用最少的步骤得到最终的解答，避免了不必要的烦琐计算和推导，提高了解题的效率。

（3）通用性强

简洁的数学方法通常具有较强的通用性，可以适用于不同领域和不同类型的问题，具有普适性和广泛的适用范围。

（4）创造性思维

数学方法的简洁美反映了数学家们创造性思维的成果，通过对问题的深入理解和巧妙的变换，找到了最简单而有效的解决方案。

（5）具有美感

简洁的数学方法常常具有美感，体现了数学的美学价值。优秀的数学方法不仅能够解决问题，还能够给人以美的享受和思考的启发。

综上所述，数学方法的简洁美是数学科学的重要特征之一，它不仅体现在方法本身的简单性和高效性上，还反映了数学思维的深刻和创造性，是数学领域中令人向往和追求的品质之一。

3. 数学表达形式的简洁美

数学表达形式的简洁美体现在数学公式、定理和表达式的简单而优雅上。优秀的数学表达形式能够用简洁的符号和结构准确地描述复杂的数学概念和关系，展现了数学的精确性和美学价值。

简洁的数学表达形式具有以下特点：

（1）简短明了

优秀的数学表达形式通常能够用最少的符号和字词表达出丰富的数学内容，减少了冗长和复杂的表达，使数学概念更加清晰易懂。

（2）逻辑严谨

数学表达形式通常具有严密的逻辑结构，每一个符号和符号之间的关系都有明确的含义和推导规则，保证了数学推理的准确性和可靠性。

（3）统一性和通用性强

优秀的数学表达形式具有较强的统一性和通用性，能够适用于不同的数学领域和问题类型，展现了数学的普适性和一致性。

（4）美学价值高

简洁的数学表达形式常常具有美学上的优雅和和谐之美，使人产生审美享受和赏识的情感，反映了数学作为一门艺术的特质。

（5）表达力和灵活性强

优秀的数学表达形式能够准确地表达复杂的数学概念和关系，同时具有一定的灵活性和表达力，能够应对不同的数学问题和挑战。

综上所述，数学表达形式的简洁美是数学科学的重要特征之一，它不仅体现在数学表达式和符号的简单性和优雅性上，还反映了数学思维的精确和美学的价值，是数学领域中令人向往和追求的品质之一。

（四）简洁美促进数学科学的发展

简洁美在数学科学的发展中发挥了重要的推动作用。

首先，简洁的数学理论和表达方式能够提高数学的可理解性和可操作性，使数学知识更易于传播和学习。简洁的数学形式能够准确而清晰地描述数学概念和关系，有助于学者们更加深入地理解和应用数学理论，推动数学研究的深入发展。

其次，简洁美促进了数学科学的创新和发现。在探索数学世界的过程中，追求简洁美的思想能够激发数学家们挖掘问题本质、寻找简洁而优雅的解决方案的动力。简洁的数学方法和理论往往会带来全新的视角和启发，引领数学研究向前发展，产生重大的理论突破和创新成果。

最后，简洁美有助于促进数学的交叉学科应用和拓展。简洁的数学模型和方法往往具有普适性和通用性，能够被应用于不同领域的问题求解和技术创新中。通过将简洁的数学理论和方法引入其他学科领域，可以拓展数学的应用范围，促进学科交叉融合，推动整个科学领域的发展。

总的来说，简洁美作为数学科学的重要特征之一，不仅体现在数学形式和表达方式上，更体现在推动数学科学发展的思想和方法中。追求简洁美能够激发数学家们的创新热情和探索精神，推动数学科学不断向前发展，为人类认识世界和解决现实问题提供重要的思想支持和理论基础。

第三节　参与式教学方法

参与式教学法是以学生为主，倡导学生主动学习、主动参与，重视学生学习的质量。

一、高等数学课程的教学目的

高等数学是理工科专业的一门重要的基础学科，也是非数学专业理工科学生的必修课程。作为基础学科，高等数学有其固有特点：高度的抽象性、严密的逻辑性和广泛的应用性。抽象性是数学最基本、最显著的特点，有了高度抽象和统一，才能深入地揭示其本质规律，才能使之得到更广泛的应用。严密的逻辑性是指在数学理论的归纳和整理中，无论是概念和表述还是判断和推理，都要运用逻辑的规则，遵循思维的规律。所以说，数学也是一种思想方法，学习数学的过程就是训练思维的过程。那么，作为基础学科，其教学目的在于让学生掌握一种具有高度的抽象性和严密的逻辑性的数学思想。高等数学的教学就是为了培养学生的这种数学思想，让学生在面对一个陌生的自然现象或社会现象时，可以娴熟地抽象概括出现的现象的定义、该现象的性质、该现象如何产生或运用。

二、高等数学参与式教学法分析

（一）参与式教学理念的实用性

当前，中外教学的改革与实践越来越注重学生的参与。参与式教学的核心是以学生为主，倡导学生主动学习、主动参与，重视学生学习的质量。在教学实践中，不管是孔子的"不愤不启，不悱不发"还是罗杰斯的"自我主导型"教学，其核心思想都是主体参与。参与式教学的改革已在国内很多高校开展，从实践结果观察，主要是以任课教师主导的课程改革。由于参与式教学注重学生主体参与，有助于培养学生的自主学习、自主分析问题和解决问题的能力。在这个过程中，由传统的教师是课程的主体转换为学生是课程学习的主体，由学生被动地接受转变为主动地探索学习，从而明确了学生在学习中的位置。因此，对于高等数学这门课是较为适用的。

（二）参与式教学方法的实施过程

1. 倡导学生主动参与的理念

课程教学不仅是教与学的简单组合，其核心是要达到一定的目的。主要从两个方面树立主动参与的思想。其一，在上高等数学课前，让学生搜索相关高等数学的实际案例；其二，通过简单的生活实例，引导学生主动思考。从而可以激发学生的学习热情和树立主动参与的思想。

2. 让学生参与课程设计

学生参与课程设计是指，教师讲授知识点的同时，给学生一定的时间做例题并在黑板上展示，从而使得学生可以和教师进行互动。给学生一定时间做题，可以让学生巩固所学知识。而同学在黑板上展示结果可以让教师更好地了解学生对知识的掌握情况，有针对性地指导学生学习。这种互动可以让学生清楚地看到自己的错误，并且了解所学知识的重点和难点。

3. 让学生课上主动提出问题

让学生课上主动提出问题是指，在授课过程中，学生可以及时提出逻辑上出问题的地方。这主要体现了学生的参与程度和理解情况，从而使教师在整个授课过程中游刃有余。在这个过程中要注意两点：其一，要让学生很放松；其二，师生间平等。这是确保学生主动提问的重要条件。

4. 让学生课下主动发现问题

让学生课下主动发现问题是指，课下，让学生进行复习和预习，在这个过程中记录自己看不懂的或解决不了的问题。这个过程是学生作为主体全部参与，所以一定要控制好，不然就会削弱学生的热情，使得这一环节不能有效进行。

5. 让学生以团队的形式完成课程作业、进行案例分析

课程作业是学生巩固所学知识的重要环节，也是学生主动参与学习的一种方式。因为课程作业主要是学生自己动手动脑，这是实践教学的一部分。不过，笔者还要强调另一部分，就是要有适当的案例分析题，它可以源于学生身边的实际问题，也可以源于社会的问题。这一部分让学生分组，以团队的形式完成，既锻炼了学生的分析能力，又增强了学生的合作精神，还可以激发学生学习高等数学的兴趣和热情。

三、让学生参与教学

让学生参与教学是指，对于一些相对简单的内容可以让学生事先准备并由学生上台讲解，在讲解的过程中其他听课的学生会发现或提出新问题，从而引发更深入的讨论，让学生对知识有更深刻的理解，最后教师根据学生的讨论做出总结。这种方式让学生变成小教师，成为课堂的主导，激发学生的成就感，促进学生学习的主动性、积极性。比如，章节知识点的总结就可以让学生来梳理，同学们各抒己见、互相补充，就会总结得很全面，对知识的理解也更深刻。

四、小组合作

将学生分为几个小组，尽量使每个小组里的成员既有学习程度好的，也有相对较差的。课堂讨论、典型例题、习题讲解都可以采用小组合作讨论的形式来完成。通过学生之间互帮互助、相互影响的形式来完成问题的讨论等学习任务。这种方式既锻炼了学生的分析问题、解决问题的能力，又增强了学生之间的合作精神，还可以激发学生学习高等数学的兴趣和热情。

总之，在高等数学的教学过程中应用参与式教学法，能够让学生充分参与教学，在参与中学会思考，敢于质疑，学会交流合作，增强学习的信心，培养学生的数学思维，强化学生对知识的掌握和能力的培养，同时有效地提高课堂教学效果。

第五章　教育技术视角下高等数学教学方法

第一节　教育技术在高等数学教学中的应用

现代教育技术是指 20 世纪 50 年代以来在学校教育和教学中陆续使用的幻灯片、投影仪、音响设备、计算器、计算机等新型手段的技术。近年来，以信息化带动教育现代化已成为我国教育实现跨越式发展的总趋势。因此，现代教育技术在数学教学中的作用日益重要。作为数学教育工作者，必须高度重视现代教育技术对数学教学产生的深刻影响，并切实将现代教育技术与数学教学活动进行有机融合，以促进数学教学质量和教学效率的提高。

一、现代教育技术的发展趋势

进入 21 世纪以来，互联网向各行各业的渗透与跨界融合发展，加速了以知识经济、信息经济、服务经济为代表的现代社会的到来，其核心特征是以人为本的个性化服务和智能服务。以知识为核心生产要素的现代社会需要创新型人才，需要建立灵活、开放、终身的个性化教育体系。工业时代以班级授课为主体的整齐划一的教育体系受到越来越大的挑战，形成灵活多样、开放终身的个性化教育体系、实施适应个性发展的教育是现代教育技术乃至教育现代化发展的基本趋势。

互联网带来的不断变化的社会空间和交往方式见证了信息化时代的到来。信息技术在教育领域的广泛应用，对教育理念、模式和走向都产生了革命性影响。因此，必须顺应信息技术的发展，推动教育变革和创新，构建网络化、数字化、个性化、终身化的教育体系。如何兼顾"大规模"和"个性化"，在实现公平（每个人都有）的同时保证质量（和每个人能力匹配），是传统教育无法实现的两个焦点悖论，而互联网技术的发展为此提供了新的融合解决途径。也就是说，互联网与教育的跨界融合，打造了全新的教育生态。构建新的生态系统需要相关技术的重大变革，例如，以学习科学观念为指导的关键新技术支持的智能环境变革和课程变革。

（一）智慧环境变革

在互联网时代，数字校园已经成为一个虚实融合的平衡生态系统，以云计算、大规模计算、语义互联网和物联网等智能信息技术为基础，为师生提供智能教学环境。

数字校园的建设不仅是将传统的教育内容和学习方式进行数字化，更是通过大数据和学习分析技术为每个学生提供量身定制、有特色的培训。改进智能学习环境的关键在于将整个学习过程数字化和联结，增强不同技术和数字系统之间的联系，以取得成功。这意味着未来的课堂将成为虚拟与现实相结合的环境，具有开放性、交互性、灵活性、人性化设计和便利性等特点。

在智能学习环境中，计算机将无缝集成到环境中，个人可以移动计算机以进行更自然的交互。智能学习环境不仅能够了解用户的行为和意图，还能够提供预防性的适应性服务，形成一个全新的智能感知环境和综合信息服务平台。这种环境将为师生提供更加便捷、高效、个性化的教学和学习体验，推动教育领域的全面转型和升级。

（二）课程形态变革

互联网时代对人们的核心素养提出了新的要求，这包括信息技术素养、学会学习、创新与创造力、问题解决能力等。为了培养具备 21 世纪学习技能的人才，许多国家和国际组织都很重视这些核心素养，并进行了相关研究。其中，信息技术素养要求学生能够互动地使用信息技术，能够利用技术收集、筛选、探索、开发、交流、创造、派生和呈现信息。因此，教育需要帮助学生提升个人的信息技术素养，使其能够适应和驾驭海量的信息和知识，并能够有效地利用技术获取、利用、创造信息和知识。

在这种背景下，课程作为教育活动的主要载体，也必须从"知识教育"转变为"培养学习和应用能力"。信息时代的"信息化认知结构"使学生信息能力的发展成为课程的重要社会文化基础，这为信息技术课程的设计和实施提供了前所未有的便利。课程结构、课程表述、课程实施和课程评价等方面都发生了重大变化。未来课程的改进重点在于数字化和立体化的课程表达，以及线上线下相结合的趋势。课程不仅要融入学校教育，还要成为正规学校课程不可分割的一部分。此外，课程的教育内容越来越强调学术内容与生活内容的融合和相互变化，实施方式也逐渐从小组教学转变为尊重学生自尊的活动。

随着课程内容的受欢迎程度不断提升，跨学校的课程合作也将变得更加普遍。网络时代学生认知的分散状态和借助信息技术进行认知加工思维的方式将改变课程的基本目标结构。未来的课程整体结构将以技术为媒介，具有跨学科特点，促进 21 世纪学生核心素养的发展。此外，课程整合将成为课程发展的重要趋势，例如 STEM 培训和创客教育培训等。课程实施将更加碎片化、渐进式，动态重组已成为课程设计的重要特征。最终，智能化的课程开发将成为发展的重点，以更好地适应学生的个性化需求，并促进人格特质的个性化展示。

（三）教学模式变革

互联网时代，教学模式也正在经历重大变革。随着学生可以借助互联网获取丰富的信息资源和人际交往机会，教师的角色也必然发生一定的改变。传统的教育活动必须从"教"向"学"转变，教师的角色应该逐渐从知识的传授者转变为学生的助手和引导者。在这一新的教学模式下，教师应该成为课堂上的组织者和引导者，而不是简单地将知识灌输给学生。智慧教学将成为课堂教学的新重点，课堂将更加智能化，促进深度学习的互动形式将在课堂上得到更多的应用。

另外，随着在线教学的兴起，它将成为一种新的教学形式。在线教学将使教育服务可以在学校和地区之间更加灵活地转移，这将是促进教育均衡发展的重要工具。未来，掌握综合技术课程的教学方法将成为教师的基本需求，他们需要适应新的教学环境和教学方式，不断更新自己的教学理念和方法，以更好地适应互联网时代的教育需求。

（四）学习方式变革

互联网时代，学习方式正在经历革命性的变革。学生的学习与计算机、网络之间的联系日益密切，人机结合的思维方式已经成为常态，这导致了学生学习行为的改变和学习方式的革新。要推进学习方式的变革，需要关注以下六个关键点：

①正式学习与非正式学习互补与融合。随着无处不在的移动网络与智能终端

的普及，学习活动不再局限于课堂内，而是向课堂外延伸，学生可以随时随地进行学习。

②情境学习将成为重要形态。通过各种情境感知技术，如位置感知、二维码、RFID、NFC 等，学习中将融入更多真实生活体验，情境学习成为学习的重要方式。

③基于互联网的创新学习方式不断涌现。例如自定步调的自主学习、协作学习、社会化学习、游戏化学习、仿真探究学习、泛在学习等，为学生提供了更加灵活和多样的学习选择。

④学习分析技术和大数据技术的应用使个性化学习成为可能，学生可以根据自身的学习需求选择最适合自己的学习方式和路径，并及时获得个性化的反馈。

⑤学生带计算机上学已经成为一种常态，智能学习终端的普及实现了线上线下融合学习。学习将越来越具有选择性，信息获取更容易，但知识的获取也将更具挑战性。

⑥培养学生 21 世纪核心素养的学习方式将成为主流。这包括培养全球意识、沟通与合作能力、创造性与解决问题能力、信息素养、自我认识与自我调控、批判性思维、学会学习与终身学习、公民责任意识与社会参与意识等素养的学习方式。这些核心素养的培养将成为教育的重要任务，也将引领未来学习方式的发展。

（五）评价模式变革

评价模式的变革在现代教育中具有重要意义，它在促进学生全面发展、提高教育质量、实现个性化教育等方面都具有积极作用。以下是对评价模式变革的意义：

①体现多元化价值观。评价模式的变革反映了现代教育价值趋向多元化的特点。传统的教育评价更注重知识的掌握和分数的取得，而新的评价模式更注重学生的全面素养和个性发展，体现了对学生综合能力和品格的重视。

②体现数据主义评价的科学性。以大数据为基础的评价模式可以更精准地对学生进行评估，为教师和管理者提供科学的指导和决策依据，有助于发现学生的潜在问题并提供个性化的支持。

③体现过程评价的重要性。过程评价强调对学生学习过程的跟踪和指导，有

助于发现学生的学习困难并及时进行干预，促进学生的持续进步。

④评价主体广泛参与。互联网的应用使得评价不再局限于教师的单方面评价，而是可以吸引学生、家长和学校管理人员等多方参与，使评价更加客观和全面。

⑤评价内容以学生为核心。新的评价模式更加关注以学生为核心的评价内容，强调学生的核心素养和个性发展，有助于培养学生的创新能力和解决问题能力。

⑥应用智能评估技术。智能评估技术的应用可以实现对学生的自动化评估和反馈，节省人力、物力和财力，并提供及时的评价和指导，有助于提高评价效率和准确性。

总的来说，评价模式的变革为教育提供了更多元化、科学化和个性化的评价手段和方法，有助于促进学生的全面发展和教育质量的提高。然而，需要注意的是，在推进评价模式变革的过程中，应该充分考虑学生的个性差异和教育公平的问题，确保评价的公正性和客观性。

（六）教育管理变革

在计算机和互联网的帮助下，教育管理日益智能化。物联网技术可以改善学习环境和丰富学习活动，大数据技术可以提高管理智慧、帮助决策和评估，无处不在的网络技术可以提高跨组织边界的广泛社会协作，云计算技术可以扩展资源。共享教育服务在"数据驱动学校、科技改变教育"的时代，用科技管理教育显得尤为重要。教育管理变革的优势主要体现在以下五个方面。

①提升管理效率和决策科学性。物联网、大数据、云计算等技术的应用可以实现教育资源的智能调配和管理，为教育管理者提供全面、及时、准确的数据支持，使管理更加科学化、精准化，有助于提升管理效率和决策的科学性。

②促进教育资源共享和优化配置。云计算技术的应用可以扩展教育资源的共享范围，实现资源的优化配置和高效利用，有助于提高教育服务的质量和覆盖面。

③加强跨组织协作和社会参与。网络技术为跨组织协作和社会参与提供了便利条件，促进了教育管理体系的内部重构和外部拓展，有助于实现更广泛的社会分工和提供专业化的教育服务。

④个性化管理和服务。大数据和智能推荐技术可以实现对学生和教育工作者的个性化管理和服务，根据个体的需求和特点提供定制化的指导、资源和服务，有助于提高学生和教育工作者的满意度和成效。

⑤促进家长和社会参与。互联网拓宽了家长和社会人士参与教育管理的渠道，使他们更加了解学校的工作和学习状态，有助于增强家校合作和社会支持，推动教育事业的健康发展。

综上所述，教育管理的智能化和数字化变革有助于提升教育质量，促进教育公平和推动教育现代化进程。然而，需要注意的是，在推进教育管理变革的过程中，应注重信息安全和个人隐私保护，确保数据的合法、安全、可靠使用，保障教育管理的公正性、透明度和民主性。

（七）教师专业发展变革

教师专业发展在互联网时代呈现出了新的特点和动向，这对教育体系和教育工作者的能力结构提出了更高的要求，也为教育事业的发展带来了新的机遇，主要体现在以下五个方面。

①技能要求的多元化和升级。教师需要适应新课程改革和信息化教育的要求，掌握与之相关的技能，特别是理解和运用信息技术工具的能力。信息技术的应用能力已经成为教师不可或缺的一种能力，教师需要不断提升自己的信息技术水平，以更好地应对教学挑战。

②时间和地点的灵活性。在互联网时代，教师的专业发展不再受时间和地点的限制，通过各种通信技术和多媒体工具，教师可以高效实现专业发展。这为教师提供了更多的学习机会和资源，有利于他们更好地提升自己的专业素养。

③核心能力的提升。在互联网时代，教师需要具备丰富的专业能力结构，包括信息技术教育转移能力、数字化教学评估能力、数字化协作能力等。这些核心能力的提升将成为教师专业发展的重要内容，有助于提高教师的教学水平和教育质量。

④协作和参与的重要性。教师的专业发展越来越强调体验和参与，从被动适应转变为主动参与，从个体工作转变为群体协作。教师需要与同行进行网络教研，利用线上、线下的优势进行精准化教学实践，从而不断提升自己的教学水平和专业素养。

⑤教师角色的拓展。数字教师不仅是知识的传递者，还需要设计多样化的教育和发展活动，创造适合不同学生的学习环境和资源。教师需要积极参与学生的学习过程，培养学生的自主学习能力和创新能力，从而更好地实现教育目标。

综上所述，教师专业发展在互联网时代面临新的挑战和机遇，教师需要不断提升自己的专业能力，适应时代发展的需要，为教育事业的发展做出更大的贡献。

（八）学校组织变革

在互联网时代，学校要想开展好教育教学活动，确保教育教学活动取得理想的效果，必须对自己的组织结构和管理体制进行变革，即要积极推动学校内部的组织结构朝扁平化、网络化方向发展。

互联网通过降低信息获取成本、缩短信息处理时间、加快信息流动并进一步影响学校的组织结构，加强了学校管理和组织效率。只有充分认识互联网给学校组织结构带来的变革机遇，才能合理调整内部结构，配置资源，以适应外部环境的变化，保证整个学校组织的活力。推进学校组织机构改革的重点是：用互联网打破学校围墙，使互联网教育服务成为学校教育服务的有机组成部分；推动互联网与教育跨界融合，促进整个教育体系核心要素的重组与重构；学校教育与在线教育不可互相替代，而是相辅相成；互联网正在推动一些新的学校组织类型出现，这些学校将基于学生的能力组织教学，而不是基于年龄大小或学习型组织中的其他因素；互联网将推动学校组织架构朝网络化、扁平化方向发展；数据和信息成为一所学校最重要的资产，使用数据的能力将成为学校的主要竞争优势；学校创造了在线学习环境，并鼓励学生将电子设备带到学校，就像当前的重点是建立大学文化一样，这将成为一种流行趋势。

二、现代教育技术对高等数学教学的影响

现代教育技术在高等数学教学中的运用，极大地突破了数学教育的时空界限，改变了数学教与学的关系，提高了人们学习数学的兴趣和效率。具体而言，现代教育技术对高等数学教学的影响主要有以下四个方面。

（一）现代教育技术对高等数学教学目标的影响

现代教育技术对高等数学教学目标的影响是多方面的。

首先，现代教育技术可以提供更加丰富和多样化的教学资源，包括数字化教材、在线视频、交互式模拟实验等，这有助于丰富教学内容，提高教学的趣味性和吸引力，从而提高学生的学习兴趣和积极性。

其次，现代教育技术可以提供个性化和自适应的学习体验，通过智能化的学习系统和个性化的学习路径，根据学生的学习情况和需求，进行个性化的学习指导和反馈，帮助学生更好地理解和掌握数学知识，提高学习效率和成绩。

再次，现代教育技术可以促进学生之间的合作与交流，通过在线讨论、协作编辑等方式，促进学生之间的互动和合作，加强学生之间的学习交流与分享，提高他们的团队合作能力和沟通能力。

最后，现代教育技术还可以提供更加灵活和便捷的学习环境，学生可以随时随地通过互联网接触丰富的学习资源，自主选择学习时间和地点，实现学习的个性化和自主化，提高学习的灵活性和效率。

综上所述，现代教育技术对高等数学教学目标的影响是积极的，有助于提高教学质量，促进学生的全面发展。

（二）现代教育技术对高等数学教学模式的影响

现代教育技术对高等数学教学模式的影响是深远而积极的。

首先，现代教育技术为高等数学教学带来了更加灵活和多样化的教学模式。传统的面授课堂教学可以与在线教育相结合，形成融合式教学模式，学生可以根据自身情况选择线上学习或线下课堂学习，从而提高学习的灵活性和便捷性。

其次，现代教育技术为高等数学教学提供了更多的互动与参与机会。通过在线教学平台，学生可以参与更多的互动式学习活动，例如在线讨论、实时问答、虚拟实验等，从而增强了学生的学习参与度和积极性。

再次，现代教育技术为高等数学教学提供了更加个性化和差异化的学习体验。通过智能化的学习系统和个性化的学习路径设计，教师可以根据学生的学习情况和能力水平，为其量身定制适合的学习内容和教学方法，从而满足不同学生的学习需求，提高了教学的针对性和效果。

最后，现代教育技术为高等数学教学提供了更多的辅助和支持。教育技术可以为教师提供丰富的教学资源和工具，如数字化教材、在线作业平台、教学视频等，为教师的教学提供了更多的辅助和支持，有助于提高教学效率和质量。

综上所述，现代教育技术对高等数学教学模式的影响是全方位的，为教学带来了更加灵活、互动、个性化和支持性的新模式，有助于提升教学效果和学生的学习体验。

（三）现代教育技术对高等数学教学内容的影响

现代教育技术对高等数学教学内容的影响是多方面的，它使教学内容更为丰富、生动，并提供了更多的个性化学习机会。

首先，现代教育技术为高等数学教学内容的呈现提供了多样化的方式。传统的数学教学主要依靠教师在黑板上讲解，但现代教育技术使数学内容可以以动画、模拟实验、虚拟现实等形式呈现，从而让抽象的数学概念更加形象化、生动化，有助于学生更好地理解和掌握学习内容。

其次，现代教育技术为高等数学教学提供了更多的实践机会。通过在线数学工具、数学建模软件等，学生可以进行更多的数学实验和探索，加深对数学原理的理解，提高解决实际问题的能力。此外，虚拟实验室等技术也为学生提供了更安全、更便捷的实验环境。

再次，现代教育技术为高等数学教学内容的个性化学习提供了支持。通过智能化的学习系统和个性化的学习路径设计，学生可以根据自身的学习水平和兴趣选择合适的学习内容和学习方式，从而更好地发挥自己的优势，提高学习效率。

最后，现代教育技术为高等数学教学内容的更新和分享提供了平台。教育资源的数字化和在线化使教师和学生可以随时随地更新和分享数学教学内容，教师和学生可以通过网络平台获取最新的数学知识和教学资源，促进了教学内容的不断更新和共享。

综上所述，现代教育技术对高等数学教学内容的影响是多方面的，它使得教学内容更加丰富、生动，并提供了更多的个性化学习机会，有助于提高教学效果和学生的学习体验。

（四）现代教育技术对教师的教与学生的学的影响

1. 现代教育技术对教师数学教学活动的影响

现代教育技术对教师的数学教学活动的影响是深远而多维的。

首先，现代教育技术为教师提供了更多元化的教学手段和资源。传统教学模式中，教师主要依靠课堂讲解和书本教材进行教学，但现代教育技术包括电子白板、教学软件、在线资源等，丰富了教学手段，使教学内容更加生动、直观，提高了学生的学习兴趣。

其次，现代教育技术为教师提供了更高效的教学管理工具。教师可以利用在线课堂管理系统、学习管理系统等平台，轻松管理学生的作业、成绩、学习进度等信息，实现教学过程的精细化管理和个性化辅导，提高了教学效率和质量。

再次，现代教育技术拓展了教师的教学范围和影响力。通过在线课程、远程教学等方式，教师可以打破时间和空间的限制，面向更广泛的学生群体进行教学，促进了教育资源的共享和公平，同时提升了教师的教学影响力和社会地位。

最后，现代教育技术提升了教师的专业发展水平。教师可以通过在线学习平台、教育技术培训等方式，不断提升自己的教学技能和教育理念，适应数字化教育的发展趋势，提高教学水平和竞争力。

总的来说，现代教育技术为教师的数学教学活动带来了诸多变化和机遇，促进了教学手段和管理方式的创新，提升了教学效果和教师的专业水平，为构建更加高效、智能的数学教育环境奠定了坚实基础。

2.现代教育技术对学生数学学习活动的影响

现代教育技术对学生的数学学习活动的影响是多方面的。

首先，现代教育技术为学生提供了更加灵活和便捷的学习方式。通过在线课程、教学视频、数字化教材等资源，学生可以在任何时间、任何地点进行学习，自主安排学习进度，提高了学习的灵活性和个性化。

其次，现代教育技术丰富了学生的学习资源和学习体验。传统的数学学习主要依靠课堂教学和教科书，而现代教育技术引入了虚拟实验、互动模拟、多媒体展示等方式，使抽象的数学概念更加具体，提高了学生的学习兴趣和理解能力。

再次，现代教育技术为学生提供了更加个性化和差异化的学习路径。智能学习系统、个性化学习软件等工具，可以根据学生的学习水平、学习习惯和兴趣爱好，定制个性化的学习计划和教学内容，满足不同学生的学习需求，提高了学习效率和成绩表现。

最后，现代教育技术促进了学生之间的合作与交流。通过在线讨论、协作学习平台等方式，学生可以与同学、教师进行实时互动和讨论，分享学习经验、解决问题，促进了学习氛围的建立和知识的共享。

总的来说，现代教育技术为学生的数学学习活动带来了更加丰富、便捷和个性化的学习体验，提高了学生的学习积极性和学习效果，促进了学生的全面发展和自主学习能力的培养。

三、现代教育技术在高等数学教学中的应用

随着现代教育技术的飞速发展，多媒体、数据库、信息高速公路等技术日趋成熟，教学手段和方法都将发生深刻的变化，计算机、网络技术在高等数学教学中的应用将不断深入。具体而言，现代教育技术在高等数学教学中的应用主要有两种模式：一种是辅助式应用，即教师在课堂上利用计算机辅助讲解和演示，主要体现为计算机辅助教学；另一种是主体式应用，即以计算机教学代替教师课堂教学，主要体现为远程网络教学。

（一）计算机辅助数学教学

计算机辅助教学（Computer Assisted Instruction，CAI）是指利用计算机帮助教师行使部分教学职能，传递教学信息，对学生传授知识和训练技巧，直接为学生服务。CAI 的基本模式主要体现在利用计算机进行教学活动的交互方式上。在 CAI 的不断发展中已经形成了多种相对固定的教学模式，如操作与练习、个别指导、研究发现、游戏、咨询与问题求解等。随着多媒体网络技术的快速发展，CAI 又出现了一些新型教学模式，这些 CAI 教学模式反映在数学教学过程中，可以归纳为以下五种主要形式。

1. 基于 CAI 的情境认知数学教学模式

基于 CAI 的情境认知数学教学模式是一种结合了现代教育技术和认知心理学理论的教学方法。在这种模式下，教师利用计算机软件和多媒体技术，将数学教学内容呈现为具体的情境，以激发学生的学习兴趣和认知活动。

首先，这种教学模式通过情境化的学习内容，将抽象的数学概念与实际生活场景相联系，使学生能够更好地理解数学知识的实际应用和意义。通过情境化的教学设计，学生可以在真实或虚拟的情境中探究和解决数学问题，从而加深对数学概念的理解和记忆。

其次，基于 CAI 的情境认知数学教学模式强调学生的主动参与和合作学习。学生可以通过计算机软件进行自主学习和探索，解决问题的过程中需要运用数学

知识和策略解决问题，从而培养他们的创新思维和解决问题能力。

最后，这种教学模式还注重个性化教学和差异化学习。教师可以根据学生的学习水平和兴趣特点，设计不同难度和情境的教学内容，满足不同学生的学习需求。同时，计算机软件可以根据学生的学习表现进行实时反馈和个性化指导，帮助学生更好地理解和掌握数学知识。

总体而言，基于 CAI 的情境认知数学教学模式充分利用了现代教育技术的优势，通过情境化、主动性和个性化的教学设计，促进了学生的认知发展和数学学习效果的提高。这种教学模式不仅有助于学生的数学学习，还培养了他们的解决问题能力、创新思维和合作精神，为其未来的学习和发展奠定了良好的基础。

2. 基于 CAI 的问题探究数学教学模式

基于 CAI 的问题探究数学教学模式是一种注重培养学生解决问题能力和探究精神的教学方法。在这种模式下，教师通过利用计算机软件和多媒体技术，引导学生从真实或虚拟的情境中提出数学问题，并通过自主探究和合作学习的方式解决问题。

首先，这种教学模式通过问题探究的方式激发了学生学习的兴趣和主动性。学生在教学过程中不再是被动地接受知识，而是通过提出问题、寻找解决方案的过程中积极参与学习，提高了他们学习的动机和积极性。

其次，基于 CAI 的问题探究数学教学模式注重培养学生的解决问题能力和创新思维。学生在解决数学问题的过程中需要运用数学知识和策略解决问题，培养了他们的逻辑思维能力、分析和综合能力，也促进了他们的创造性思维和创新意识的发展。

最后，这种教学模式注重学生的合作学习和交流能力。学生通常是以小组形式进行问题探究和讨论，通过与同学的合作交流，共同寻找问题的解决方案，培养了他们的团队合作精神和沟通能力。

总的来说，基于 CAI 的问题探究数学教学模式通过问题导向的学习方式，有效地激发了学生学习的兴趣和主动性，培养了他们的问题解决能力、创新思维和合作精神，为其未来的学习和发展奠定了良好的基础。

3. 基于 CAI 的数学实验数学教学模式

基于 CAI 的数学实验数学教学模式是一种利用计算机软件和多媒体技术进

行数学实验和探索的教学方法。在这种模式下，学生通过与计算机交互，进行数学实验，观察数学现象，探索数学规律，并通过实验结果加深对数学概念和原理的理解。

首先，这种教学模式通过实验性学习的方式激发了学生的学习兴趣和好奇心。学生通过实际操作和观察，亲身体验数学知识的应用和实际意义，从而更加深入地理解数学概念，增强了他们对数学的兴趣和学习动机。

其次，基于 CAI 的数学实验数学教学模式注重培养学生的探索精神和实践能力。学生在进行数学实验的过程中需要提出假设、设计实验方案、收集数据并进行分析，从而培养了他们的实验设计和数据处理能力，以及解决问题能力和创新思维。

最后，这种教学模式能够提供个性化的学习体验。计算机软件可以根据学生的学习情况和水平，自动调整实验内容和难度，为每个学生量身定制最适合的学习路径，提高了教学的针对性和效果。

总的来说，基于 CAI 的数学实验数学教学模式通过实验性学习、探索性学习和个性化学习的方式，有效地激发了学生学习的兴趣和动机，培养了他们的实践能力和创新思维，为其数学学习和发展打下了坚实的基础。

4. 基于 CAI 的练习指导数学教学模式

基于 CAI 的练习指导数学教学模式，就是借助计算机提供的便利条件促使学生反复练习，教师适时地给予指导，从而达到让学生巩固知识和掌握技能的目的。在这种教学模式中，计算机课件中列出了一系列问题，要求学生回答，教师根据情况给予相应的指导，并由计算机分析解答情况，给予学生及时的反馈。练习的题目一般较多，且包含一定量的变式题，以确保学生掌握了基础知识和基本技能。有时候练习所需的题目也可由计算机程序按一定的算法自动生成。

在数学教学中，基于 CAI 的练习指导数学教学模式，主要有以下两种操作形式。

第一种操作形式是在配有多媒体条件的教室里，教师集中布置练习题，并对学生进行针对性指导。在这种情况下，教师可以利用多媒体设备向学生布置练习题目，通过图表、动画等形式生动地展示数学问题，引发学生的兴趣。教师可以对学生的解题过程进行指导和引导，提供必要的帮助和解答，但由于受到硬件条件的限制，教师的指导是有限的，并且只能体现少数学生的学习情况，代表性不强。

第二种操作形式是在网络教室里，学生人手一台机器，教师通过教师机指导和控制学生的练习。在这种情况下，学生可以通过计算机进行数学练习，教师可以随时监控学生的学习情况，并根据需要进行个性化指导。教师可以跟踪学生的学习进度、及时发现和矫正错误，展示好的解题方法和典型错误，促进学生之间的合作与讨论，实现资源共享和知识传递。在这种模式下，人机对话的功能得到充分应用，个别化指导水平较高，能够有效提高数学教学效率。

综上所述，基于 CAI 的练习指导数学教学模式通过利用多媒体设备和网络技术，提高了教学的效率和个性化程度，为学生提供了更加丰富和灵活的学习环境，有助于提高学生的学习兴趣和学习成绩。

5. 基于 CAI 的数字通信辅导教学模式

基于 CAI 的数字通信辅导教学模式是一种结合了计算机技术和通信技术的教学方式，旨在通过网络平台进行学生和教师之间的远程交流和辅导，以提升数学学习的效果和体验。在这种模式下，学生和教师之间可以通过电子邮件、在线聊天工具、视频会议等多种形式进行实时或异步的沟通和交流，以解决数学学习中遇到的问题，提供学习指导和反馈。

首先，这种教学模式打破了传统面对面教学的空间和时间限制，使学生和教师可以跨越地域和时区进行学习和教学。学生可以随时随地通过计算机或移动设备接受数学辅导服务，不受时间和地点的限制，提高了学习的灵活性和便利性。

其次，通过网络平台，教师可以根据学生的实际需求提供个性化的辅导服务。教师可以针对学生的学习情况和困难，进行精准的解答和指导，帮助学生理解数学概念和解题方法，提升学习效果。

最后，数字通信辅导教学模式促进了学生之间的互动和合作。学生可以通过网络平台进行讨论和交流，共同探讨数学问题，互相帮助和学习，提高了学生学习的动力和积极性。

综上所述，基于 CAI 的数字通信辅导教学模式通过结合计算机和通信技术，提供了一种灵活、个性化和互动性强的教学方式，有助于促进学生的数学学习和提高教学效果。

（二）远程网络教学

随着网络技术的发展和普及，网络教学应运而生，它为学生的学习创设了广阔而自由的环境，提供了丰富的资源，拓延了教学时空的维度，使现有的教学内容、教学手段和教学方法面临前所未有的挑战。

就当前来说，常用的远程网络教学模式有以下五种。

1.讲授型模式

基于远程网络教学的讲授型模式突破了传统课堂中人数及地点的限制，但缺乏在课堂上面对教师的那种氛围，学习情境的真实性不强。此外，基于远程网络教学的讲授型模式可以细分为以下两种形式。

（1）同步讲授型模式

同步讲授型模式是一种传统的教学方式，通常由教师在课堂上通过口头讲授知识，学生在课堂上听讲并做笔记。在这种模式下，教师是主导者和知识传授者，而学生则是被动接受者和知识获取者。这种模式通常适用于较大的课堂规模和简单的知识内容，具有以下特点：

首先，同步讲授型模式下，教师在课堂上扮演主导者和知识传授者的角色。教师通过口头讲授知识，向学生介绍概念、原理和方法，引导学生理解和掌握知识。

其次，学生在同步讲授型模式下通常是被动接受知识的一方。他们主要通过听讲和笔记来获取知识，较少参与课堂互动和讨论。这种模式强调了教师对学生的直接指导和控制，学生的学习效果往往取决于教师的教学水平和表达能力。

最后，同步讲授型模式的课堂氛围通常比较正式和严肃，学生需要在规定的时间内集中注意力听讲。这种模式会导致学生的学习兴趣和动力不足、课堂效率不高。

综上所述，同步讲授型模式是一种传统的教学方式，适用于简单的知识内容和较大的课堂规模。然而，随着教育理念的更新和教学技术的发展，越来越多的教育者倾向于采用更加灵活和多样化的教学模式来满足学生的不同需求和提高教学效果。

（2）异步讲授型模式

异步讲授型模式与同步讲授模式相比，更加强调学生个体化的学习和自主性。在异步式讲授模式中，教师和学生的学习活动不一定同时发生，学生可以根据自己的时间和节奏进行学习，不受时间和空间的限制。这种模式具有以下特点：

首先，学生可以根据自己的学习进度和时间安排来选择学习内容，不必依赖教师的实时指导。他们可以在任何时间、任何地点通过教材、网络资源等途径获取知识，并进行学习和思考。

其次，教师在异步讲授型模式中更多地扮演指导者和支持者的角色。他们可以通过在线平台、电子邮件等方式向学生提供学习资源和指导，解答学生的问题，激发学生学习的兴趣和动力。

最后，异步讲授型模式注重学生个体化的学习和自主性。学生可以根据自己的学习风格和兴趣选择适合自己的学习方式和学习资源，从而更好地理解和掌握知识。

综上所述，异步讲授型模式强调学生个体化的学习和自主性，有利于提高学生的学习效率和学习动力。然而，这种模式也需要学生具备一定的自律性和自主学习能力，以确保学习的顺利进行。

2. 协作学习模式

基于网络的协作学习是一种教学方法，利用计算机网络和多媒体技术，让多个学生针对共同的学习内容进行交流、合作和互动，从而达到让学生更深入地理解和掌握教学内容的目的。这种学习方式可以促进学生在认知、情感和社交等方面的全面发展。

首先，基于网络的协作学习有利于促进学生的高级认知能力的发展。通过与同伴的交流和合作，学生可以分享彼此的思考和见解，共同探讨问题，从而获得更深层次的思考和理解。此外，学生在协作学习中也需要承担一定的责任和角色，例如分享知识、解释概念、提出问题等，这有助于培养学生的批判性思维、解决问题能力和创造性思维。

其次，基于网络的协作学习有助于学生形成健康的情感。在协作学习中，学生之间会建立积极的互动和合作关系，共同面对挑战和解决问题，增强了彼此之间的情感联系和团队意识。通过与同伴的合作，学生感受到团队合作的乐趣和成就感，从而增强了自信心和自尊心，培养了积极向上的情感态度。

综上所述，基于网络的协作学习是一种有效的教学方法，既可以促进学生的高级认知能力的发展，又可以促进学生形成健康的情感。在教育实践中，教师可以通过设计合适的协作学习任务和提供支持性的学习环境，引导学生积极参与协作学习，共同实现教学目标。

3. 讨论学习模式

讨论学习模式是一种教学方法，通过在专门的在线平台上建立讨论组，让各个领域的专家、专业教师及学生在特定的学科主题下交流和讨论。这种学习模式能够促进学生之间的互动和合作，有助于学生深入理解和探讨学习内容。

在讨论学习模式中，学生可以在专题区内发表自己的观点、看法或提出问题，而其他参与讨论的学习者可以对这些发言进行回复和评论。这种即时的交流和反馈机制能够促进思想碰撞和知识分享，激发学生的思考和提高学习动力。

讨论学习模式可以根据交流的形式分为在线讨论和异步讨论两种形式。在线讨论是指学生们在同一时间段内通过网络平台进行实时的讨论和交流，而异步讨论则是指学生们在不同的时间段内通过网络平台进行交流和讨论，发言和回复不受时间限制。这样的灵活性使学生可以根据自己的时间安排和学习节奏参与讨论，提高了学习的自主性和灵活性。

总的来说，讨论学习模式为学生提供了一个互动交流平台，有利于促进学生的思维能力、表达能力和合作能力的发展，是一种富有活力和效果显著的教学方法。

4. 探索教学模式

探索教学模式的核心理念是通过学生自主解决实际问题的方式来促进学习。相比传统的教师单向传授知识的方式，探索教学模式认为学生在解决问题的过程中可以更深入地理解知识、培养独立思考和解决问题的能力，以及掌握元认知技能等。在互联网时代，探索教学模式可以通过在线平台实现。教师或专家可以向学生发布问题，并提供丰富的相关信息资源供学生查阅，同时专家也负责解答学生在学习过程中遇到的疑难或问题。

探索教学模式的实现相对简单，却能有效激发学生学习的积极性、主动性和创造性。学生在探索教学模式中是主角，他们通过自主解决问题的过程获取知识，并在实践中不断提升自己的学习能力和解决问题的技能。这种学习方式能够解决传统教学中学生被动接受知识的弊病，有助于培养学生的综合能力和创新思维，因此在未来的教育应用中具有广阔的前景。

5. 个别辅导模式

基于网络的个别辅导模式利用 CAI 执行教师的教学任务，通过软件的交互和学习情况记录，打造能够反映学习者个性特点的个别学习环境。在这种模式下，学生和教师之间的个别指导可以采取两种方式实现：一是通过电子邮件等异步通信工具，在不同时间段内进行交流和指导；二是通过网络上的在线交谈工具，实时进行同步指导和讨论。

这种个别辅导模式充分利用了网络技术的优势，为学生提供了个性化、灵活的学习环境。通过 CAI 软件记录学习情况，教师可以更好地了解学生的学习需求和水平，有针对性地进行指导和辅导。同时，学生也可以根据自己的节奏和时间安排学习，提高了学习的效率和质量。异步通信和在线交谈两种方式的选择，使得学生和教师之间的沟通更加便捷和灵活，适应了不同学习者的需求和学习习惯。

总的来说，基于网络的个别辅导模式为教学提供了新的可能性，通过个性化的指导和交流方式，促进了学生的个性化发展和学习效果的提升。

第二节　现代信息技术与高等数学的融合

信息技术的发展及在教学中的普遍应用，必将使数学教学内容呈现方式变得多样化，引起教师的角色、教学方式和学生的学习方式、师生互动方式的变革。因此，教师在数学教学设计中应充分体现信息技术的潜在优势，为学生的学习和发展提供丰富的教育环境和有力的学习工具，抢占提高学生的信息素养及数学教育与信息技术教育整合研究的制高点。为此，学校必须重视现代信息技术与数学教学整合的有效模式。

一、现代信息技术与数学教学整合的含义

现代信息技术与数学教学整合，就是把信息技术融入数学学科的教学中，在

教学实践中充分利用信息技术手段得到文字、图像、声音、动画、视频甚至三维虚拟现实等多种信息并运用于课件制作中，充实教学容量，丰富教学内容，使教学方法更加多样、灵活，真正使教师充分熟练地掌握信息技术，特别是计算机的操作，转换计算机辅助教学的思路，进行新的更富成效的数学教学创新实践。

二、现代信息技术与高等数学教学整合的重要性

积极推动现代信息技术与高等数学教学的整合有重要意义，具体表现在以下五个方面。

（一）为高等数学教学提供理想的教学环境

现代信息技术与高等数学教学整合可以为高等数学教学提供理想的教学环境。

首先，信息技术的应用使得传统的数学教学得以更新和拓展，通过数字化的方式呈现数学概念、定理和方法，抽象的数学内容更加直观、生动。利用计算机软件和多媒体技术，教师可以设计丰富多彩的教学资源，包括动画、模拟实验、互动游戏等，帮助学生理解抽象概念，拓展数学思维。

其次，信息技术的普及使学生可以随时随地获取数学学习资源，比如在线课程、教学视频、电子书籍等，打破了时间和空间的限制，提供了更为便捷和灵活的学习方式。同时，学生可以通过网络平台进行互动交流和合作学习，分享学习经验和解决问题的方法，促进了彼此之间的学习共同体的形成。

最后，大数据和人工智能技术的应用为个性化教学提供了可能，根据学生的学习特点和需求，智能化的教学系统可以为每位学生量身定制学习计划和内容，提供个性化的学习指导和反馈。

因此，现代信息技术与高等数学教学整合不仅丰富了教学手段和资源，提高了教学效率和质量，还促进了学生的自主学习和培养了合作学习能力，为构建理想的高等数学教学环境提供了有力支撑。

（二）为高等数学教学提供理想的教学操作平台

首先，通过信息技术的应用，教师可以利用各种数字化工具和软件来设计和呈现教学内容，包括数学公式的可视化展示、交互式示意图、数学问题的模拟演示等，从而使得抽象的数学概念更加形象直观，激发学生学习的兴趣和主动性。

其次，信息技术的发展使得教学资源的获取和共享变得更加便捷和广泛。教师可以利用互联网平台提供的丰富教学资源，如网络课件、教学视频、在线习题库等，为学生提供多样化、个性化的学习支持。同时，学生也可以通过网络平台进行实时互动和讨论，与教师和同学分享学习体会、交流问题和解决方案，提升学习效果和培养合作学习能力。

最后，大数据和人工智能技术的应用为个性化教学和智能化评估提供了可能。通过分析学生的学习数据和行为，智能化的教学系统可以为每位学生量身定制学习计划和内容，及时提供个性化的学习指导和反馈，帮助学生更好地理解和掌握数学知识。

综上所述，现代信息技术与高等数学教学整合为高等数学教学提供了理想的教学操作平台，丰富了教学手段和资源，提高了教学效率和质量，促进了学生的个性化学习和培养了合作学习能力。

（三）构建新型教学关系

传统的教学关系主要是以教师为中心的单向传授模式，而现代信息技术的应用则使得教学关系变得更加多元、平等和互动。

首先，信息技术的运用使教师与学生之间的关系更加平等。教师可以利用网络平台发布教学内容、与学生进行实时互动和在线讨论，而学生也可以通过网络平台随时随地获取教学资源、向教师提问和交流学习体会，从而拉近了传统教学中教师与学生之间的距离，促进了双方的更紧密联系。

其次，信息技术的应用促进了教师与教师之间、学生与学生之间的合作与共建。教师可以通过网络平台分享教学资源、交流教学经验，共同探讨教学方法和策略，形成教学共同体；而学生也可以通过网络平台相互交流、合作学习，分享学习心得和解决问题的方法，形成学习社群。

最后，信息技术的应用促进了教学与学习之间的密切结合。教师可以通过网络平台实时监测学生的学习情况和反馈信息，及时调整教学策略和内容，为学生提供个性化的学习指导；而学生也可以通过网络平台获取丰富多样的学习资源和工具，自主学习和探索，更好地理解和掌握教学内容。

综上所述，现代信息技术与高等数学教学整合有助于构建新型教学关系，实现了教师与学生之间的平等互动、教师与教师之间的合作共建、教学与学习之间的密切结合，为教学活动的创新与发展提供了有力支撑。

（四）实现教学互助与合作

通过信息技术，教师和学生可以在虚拟的学习环境中进行互动和合作，从而促进了教学活动的共建共享。

首先，信息技术使教师和学生之间的互动更加便捷和即时。教师可以通过在线平台发布教学资源、安排任务和作业，并随时与学生进行在线交流和讨论，及时解答学生的疑问，提供个性化的学习指导。同时，学生也可以在网络平台上相互交流、合作学习，共同解决问题、分享学习心得，形成学习共同体。

其次，信息技术的应用为学生提供了更广泛、更丰富的学习资源和工具，从而促进了学生之间的合作与互助。学生可以通过网络平台获取各种数字化学习资源、在线课程、模拟实验等，自主学习和探索，也可以通过在线讨论、协作工具等与同学共同学习和合作解决问题，相互学习、相互帮助。

最后，信息技术的应用为教师和学生之间的互动和合作提供了更多样化的形式和渠道。除了传统的在线讨论和协作，还可以通过社交媒体、在线协作平台、虚拟实验室等形式进行教学互助和合作，拓展合作的空间和方式。

综上所述，现代信息技术与高等数学教学整合为教学互助与合作的实现提供了更广阔的空间和更丰富的方式，促进了教师与学生之间、学生与学生之间的互动和合作，推动了教学活动的创新与发展。

（五）实现个性化学习

现代信息技术与高等数学教学整合为个性化学习提供了重要的支持和机会。通过信息技术，教师可以根据每位学生的学习特点、水平和需求，提供个性化的学习内容和学习路径。

首先，教师可以利用在线教学平台和学习管理系统，根据学生的学习能力和兴趣设定不同的学习任务和作业，为不同水平的学生提供适合的挑战和支持。

其次，信息技术可以为学生提供个性化的学习资源和学习工具。通过数字化教材、在线课程、智能学习系统等，学生可以根据自己的学习需求选择适合自己的学习内容和学习方式，自主学习和探索。同时，教师还可以根据学生的学习情况和表现及时调整教学策略和内容，提供有针对性的指导和支持，帮助学生更好地实现个性化学习目标。

最后，信息技术的应用为学生提供了更灵活、更便捷的学习环境和学习方式。学生可以通过网络平台随时随地学习，利用多媒体资源、交互式学习工具等丰富的学习资源和工具，个性化地组织和管理自己的学习过程，提高学习的效率和成效。

综上所述，现代信息技术与高等数学教学整合为个性化学习提供了更多样化、更灵活的学习机会和条件，促进了学生的个性化发展和学习目标的实现。

三、现代信息技术与高等数学教学整合的原则

现代信息技术与高等数学教学整合要想取得理想的效果，需要切实遵循以下四个原则。

（一）理论与实践相结合原则

现代信息技术与高等数学教学的整合，从本质上来说，就是理论与实践的整合。从事数学教学的教师始终位于教学前沿，在大量的教育实践中已经总结了大量真实和直接的经验。因此，数学教师在实现理论与实践结合方面具有重要作用。对此，教师要注重对数学理论与方法进行深入剖析，找到促进理论与实践整合的最佳手段。除此以外，教师在教育活动中，要注意以数学特征为根据，探寻理论与实践整合的最佳时间组合，发挥数学教学和现代教育技术的整合优势、弥补不足，通过"双剑合璧"的方式，发挥整合效果。

（二）主导性原则

在数学教学课堂中运用现代信息技术有很多优势，但也存在不少问题，最为突出的便是教师所演示的内容是事先预设好的，在实际教学中就要找到将学生的想法引入既定过程的方法，从"以教师为中心"变为"以多媒体为中心"。现代信息技术能够让教师轻松突破数学教育中的难题，但是教育技术是不可能取代教师地位的。课堂上的激励、指导、培训、反馈等与教师的组织和引导是密不可分的。但是，运用现代教育技术可以在一定程度上简化教师复杂、烦琐的工作，提高教育教学的便利性，让教师能够拥有更多时间与精力处理其他教育事项，特别是以学生的个性化发展为核心，通过对学生的因材施教挖掘学生的学习潜能。但现代教育技术的使用应定位为"支持"，教师是教学过程中的主导者，教师应该发挥主导作用，不能在课程准备中只依赖软件备课、在课程中只依靠屏幕教学。

（三）研究性原则

在开始现代信息技术与高等数学教学整合时，教师需要在运用教育技术时，为学生展示知识的拓展，提倡知识的学习与应用，进而实现能力的迁移。运用教育技术开展数学教育的重要目标是让学生在开放的学习环境中，掌握解决实际问题的方法，提高自主学习的能力。

（四）主体性原则

现代信息技术是为教育教学服务的，因而任何一项信息技术在教育教学领域中的应用，都不能取代人与人之间真实的互动与沟通，即使是有效的现代教育技术手段也不能取代师生之间的实际互动。将现代教育技术应用到数学教学实践中，可以培养学生的学习兴趣，为学生的主动探究和发现营造良好的学习情境。但在所有的教学行动中，都需要充分发挥学生的主体作用，始终将学生作为教学核心。尤其是现代教育改革的方向是发展学生的主体性，让学生成为课堂学习的主人。因此，数学课堂教学需要的是激励学生探索研究和增强学生主观能动性的教育过程，需要将主体原则贯穿教学全程。如果一厢情愿地使现代教育媒体充满教学过程，看似热闹，事实上，学生被视为可以随意填补知识的"容器"，学生在课堂上处于被动状态，学习效率自然会大打折扣。

四、现代信息技术与高等数学教学整合的策略

要推动现代信息技术与高等数学教学的有效整合，需要借助以下有效策略。

（一）从深层次整合信息技术与数学教学

首先，信息技术可以为数学教学提供更多样化的教学资源和工具，包括数字化教材、交互式学习软件、在线教学平台等，帮助教师丰富教学内容，提供更生动、直观的学习体验。

其次，信息技术可以提供个性化的学习支持和指导，根据学生的学习特点和需求，为其量身定制学习路径和教学方案，实现个性化教学目标。同时，信息技术可以为学生提供多样化的学习方式和学习环境，包括在线课程、虚拟实验室、远程教育等，满足不同学生的学习需求和学习风格。

再次，信息技术可以促进教学与学习的互动和合作，通过在线讨论、协作学习工具等，帮助学生积极参与学习过程，发展团队合作和问题解决能力。

最后，信息技术可以为教师提供更有效的教学管理和评估手段，包括学生学习数据分析、在线批改作业、教学反馈等，帮助教师及时调整教学策略，提高教学效果。

综上所述，深层次整合信息技术与数学教学可以实现教学内容的丰富化、教学方法的个性化、学习环境的多样化、教学互动的增强及教学管理的优化，从而提升数学教学的质量和效果。

（二）加强现代信息技术和教育理论的培训

首先，教师需要了解并掌握现代信息技术的应用方法和工具，包括计算机软件、网络平台、多媒体教学资源等，以便更好地利用这些技术手段来开展教学。

其次，教师需要深入了解教育理论和教学原理，包括学习心理学、教育心理学、教学方法学等，从理论层面指导和支持教学实践。通过加强信息技术和教育理论的培训，教师可以更加系统地设计和实施教学方案，满足学生不同的学习需求和发展水平。

再次，培训可以促进教师之间的交流和合作，形成良好的教学研究氛围，共同探讨教学创新和改进的途径。

最后，培训可以帮助教师不断提升自身的教学能力和专业素养，保持教育理念的更新和教学方法的创新，从而更好地适应和引领教育领域的发展趋势。

综上所述，加强现代信息技术和教育理论的培训对于提高教育质量、促进教学改革和创新、帮助教师提高自身能力具有重要意义，是教育发展的必然要求和重要举措。

（三）切实以学习内容为依据来选择多样化的媒体

不同的学习内容适合不同类型的媒体表达方式，例如文字、图像、音频、视频等。教师应该根据学习内容的性质和学生的学习需求，灵活运用各种媒体形式，以达到最佳的教学效果。

举例来说，对于抽象的理论概念，选择文字或图像来展示更为合适，因为它们可以提供清晰的概念定义和逻辑关系，帮助学生理解抽象概念的含义。而对于实践性强的技能训练，利用视频或音频来展示更具有实际操作的指导性，能够更好地帮助学生掌握技能技巧。

此外，选择多样化的媒体还能够满足不同学生的学习偏好和学习风格。有些学生更喜欢通过观看视频或听音频来学习，而有些学生则更喜欢通过阅读文字来获取知识。因此，提供多样化的媒体选择可以更好地满足学生的个性化学习需求，提高学习的积极性和主动性。

总之，切实以学习内容为依据来选择多样化的媒体是教学设计中的关键一环。通过灵活运用各种媒体形式，教师可以更好地促进学生的理解和应用，提高教学效果，实现知识的有效传递和学生的深入学习。

（四）充分发挥教师的作用

教师的专业化发展和成长是教学进步的动力，而学习和运用信息技术则为教师提供了更好的发展机遇。学习信息技术不仅可以增强教师的知识水平和整体能力，还可以提升他们的整体意识，并促使他们改变教学观念。然而，要实现现代信息技术与数学教学的有效整合，数学教师需要满足以下三个要求。

首先，数学教师需要全面掌握信息技术的理论知识和操作应用，并将其作为自己学习和教学的工具。数学教师可以利用网络获取数学教育改革和科技发展的最新动态，将其作为数学教学的背景，同时可以利用已掌握的技术制作图文并茂的多媒体教学软件，使数学教学更直观、形象，从而更容易激发学生的联想和思考。

其次，数学教师需要努力寻求培养学生数学素养与信息素养的最佳结合点，使信息技术成为学习数学的有效工具。数学教师可以鼓励学生在几何作图、函数图像描绘、数字统计、乘方、开方、三角函数计算等方面广泛应用计算机技术，不断拓展学生学习的时间和空间。

最后，数学教师需要积极探索信息技术环境下的数学教学模式。数学教师应深入研究和探讨教学内容、教学角色和教学形式的变化，不断总结适应信息技术发展的教学模式，并不断探索新的教学方法和策略。

通过以上努力，数学教师可以更好地适应现代信息技术的发展，将其融入数学教学中，从而提高教学效果，激发学生的学习兴趣，促进学生的全面发展。

（五）积极开发有利于学生发挥主体性的教学课件

积极开发与利用既符合学生实际又有利于学生发挥主体性的教学课件，对于现代信息技术与高等数学教学的有效整合也有积极意义。在这一过程中，应注意做好以下三个方面的工作。

首先，教师要努力搜集、整理和充分利用网络上已有的资源。无论是国内还是国外的资源，只要是对教学有益的，都可以下载并加以利用。教师在使用网上资源时需要注意，不要盲目使用，而是要根据教学实际需求进行适当修改和调整。

其次，教师可以与相关的数学资源库进行商业或友情合作。国内一些软件公司开发的多媒体素材资源库中，很多素材可以直接用于教学或稍加修改后使用。通过与这些资源库合作，教师可以获取更丰富的教学资源，提升教学质量。

最后，教师要发挥主观能动性，积极参与课件制作。在课余时间或者允许的情况下，可以组建制作小组，共同制作课件并使用。教师自行开发的课件通常具有实用性强、教学效果显著的特点，因此值得鼓励和推广。

通过以上工作，教师可以更好地利用现代信息技术，为高等数学教学提供优质的教学资源和教学环境，提高学生学习的兴趣和主动性，提升教学效果。

五、应用虚拟仿真技术的高等数学教学模式创新

高等数学是高校理科教学中的基础性学科，对学生其他学科的学习和未来能力发展起关键性的作用。高等数学课程内容较为抽象和复杂，因此，在高等数学教学过程中，如何提升学生的学习兴趣和认知能力成为亟须解决的难题。

虚拟仿真技术的发展为解决这一难题提供了可能，也为高等数学教学模式带来创新的契机。虚拟仿真技术可以通过直观形象的三维模型展现复杂抽象的数学知识，降低知识理解难度。笔者对虚拟仿真技术背景下高等数学教学模式进行研究，旨在提高高等数学的教学效果。

（一）教学内容组织模式创新

针对现有高等数学教学内容组织矛盾，可以应用"一体化"教学内容组织模式。所谓"一体化"是指理论与算例、线上与线下、分段与整合融为一体的教学模式。这种教学内容组织模式建立在加深学生对高等数学理解程度的基础上，引导学生将新数学理论知识合理地融入认知体系，将现有认知迁移到新应用算例中，加强认知关联性，从而利用知识解决数学模型问题。

理论与算例一体化主要是将关键知识点与实际算例联系起来，引导学生以新知识为基础完成算例解析。充分利用虚拟仿真技术，将抽象的概念通过与现实生

活联系的算例仿真模型展现出来，激发学生的学习兴趣。以定积分计算为例，利用"微元法"计算立体体积。可以利用虚拟仿真技术制作切土豆的 VR 动画模拟定积分空间几何关系。菜刀垂直于菜板的方向作为 X 轴，土豆则为求解的立体体积。求解过程即在 X 轴间隔最小距离切下的土豆薄片，这个柱体的体积即切片横截面面积与厚度的乘积。通过叠加细分求得无限和，即定积分。这种联动一体化，让学生从生活实际入手更容易理解抽象概念，增强对数学逻辑的认识。

线上与线下教学模式一体化是指线上专业知识阐述和线下学习能力培养的融合教学模式。比如教师在线上授课平台讲授基本专业知识点，预先安排教学问题，并提供参考资料。为了加深学生对知识的理解，通过虚拟现实技术中的实时三维图形生成技术表达数学模型的推演过程。学生则通过线上观看三维模型学习数学知识，线上查阅资料找到解决问题的思路。线下课堂学习中，教师针对预先提出的问题，组织学生展开小组讨论。❶ 在讨论中教师对专业知识进行深入讲解，引导学生将新知识应用到高等数学算例中解决实际问题。课后，教师为在线答疑和分享互动提供专业知识的支持。

分段与整合一体化即通过先"分"后"整"或先"整"后"分"的方法，将复杂知识分解，分模块讲解，然后整合所有知识点，通过虚拟现实技术中的系统集成技术组建知识结构。以高等数学课程中的高阶导数单元为例，高阶导数是一种从一阶导数开始迭代求导运算的函数过程。对于"分"式教学具体内容为：由于大部分学生对高阶导数知之甚少，所以在引入相关概念的时候，不会急于让学生了解高阶导数和低阶导数在概念和求解过程之间的差别，也不会直接用高阶方程来求解导数，而是让学生理解简单函数的基本含义，并在此基础上了解简单函数的高阶求导过程。将高阶导数的课程内容分为四大类：概念辨析、求导核算、升阶计算、复合求导。对每个阶段进行从简单到复杂、循序渐进的讲解。对于"整"式教学具体内容为：通过整合信息，引导初学者进行简单函数升阶求导，使学生了解高阶导数的连续乘积形式，掌握了连续乘积的过程后，再进行后续的差化积求解，并根据求解结果完成高阶求导计算。因此，在"整"式教学过程

❶ 甄颖，许宁宁，李庚，等.基于 PCA 的高等数学线上线下教学质量评价模型：以天津工业大学为例 [J].首都师范大学学报（自然科学版），2022，43（5）：59-64.

中，应将"分"式教学内容中的相关知识点结合起来，以达到在时空上相邻、在时空上同时表现的目的。对包含文字说明和图形的实例，可以利用虚拟现实技术将文字说明集成到对应的图形中并展示，由此降低学生理解复杂函数的难度，实现教学内容组织模式创新。

（二）教学内容认知模式创新

针对虚拟仿真技术背景下高等数学教学认知难度较高的问题，应从课程认知上创新教学逻辑起点。

教师应在学生在学习抽象数学知识时辅助其根据生活实际经验构建认知体系，将这些知识转化为便于理解的生活事物。[1]针对学生的高等数学教学认知逻辑起点应始于认知经验。教师应转变学生死记硬背专业知识的认知模式，在教学中通过生活现象引入专业知识，让学生回忆起生活经验，辅助其理解基础数学原理，培养学生的思辨能力，鼓励学生打破条框化思维习惯，主动创造性地解决问题。

教师应充分了解学生的已有生活经验，从生活常识出发讲授抽象理论。例如，教师可以根据学生参与原理和法则公式推演和分析的角度，了解学生的知识经验结构；通过批改作业分析学生的常识体系。在设计教案时围绕学生已有认知经验，引导学生更新认知体系，将知识应用到新的数学模型解答中。

在利用虚拟仿真技术建立虚拟课堂的背景下，高等数学教学逻辑起点的创新可以从思维习惯入手。传统的教学模式导致学生形成被动的思维模式，他们习惯于依赖教师给出的结论和教材上的标准答案，而缺乏主动思考问题的能力。因此，教师可以利用虚拟仿真技术，在虚拟课堂中模拟数学推导过程，将抽象的数学概念与生活中的实际问题相联系，激发学生学习的兴趣和主动性。

在这样的背景下，教师需要重视培养学生应用数学知识解决实际问题的思维习惯。这种思维习惯要求学生从生活中的实际问题出发，以实事求是为基础思路，理性辩证地分析问题，思考解决问题的多种途径。虚拟仿真技术为学生提供了更直观、生动的学习体验，有助于学生将学习的专业知识和生活经验结合起

---

[1] 郭晓，张晨晨.《高等数学》多元化教学手段运用的探究 [J]. 教育研究，2021，4（7）：186-188.

来，培养学生主动发现问题、深入思考、提出问题的能力。

此外，教师还应关注高等数学课程内容的复杂性，培养学生分析复杂数学原理和求解复杂问题的思维习惯。通过引导学生在算例解答中变化思维，教师可以培养学生求真务实的价值观，使他们将学习的目的从应付考试转变为学以致用，从而更好地应对日益复杂的数学问题。综上所述，利用虚拟仿真技术背景下的高等数学教学应该注重培养学生的主动求知能力和应用思维，以促进其全面发展和素质提升。

（三）教学情境构建模式创新

在现代教学中，高等数学教师需要充分认识到教育与生活的密切联系，并利用虚拟仿真技术将数学知识与生活情景结合，从而提高情境教学效果。

首先，教师应当利用虚拟仿真技术在教学课件中导入生活情境化的动态数学模型素材，从而创造出与学生生活息息相关的教学场景，使学习过程更加生动有趣。通过搭建三维立体的数学推导场景，学生能够更加直观地理解数学知识，提高对数学的综合理解力。

其次，教师可以从日常生活中的实际问题出发，设置与学生生活息息相关的问题情境，并通过多种提问方式促进学生进行小组讨论，激发学生的求知欲。这种问题情境应当由易到难地递进，从而帮助学生逐步深入思考并解决问题，培养他们的应用思维和解决问题的能力。

再次，教师可以将课堂教学设计为游戏情境，结合虚拟现实技术设计课程教学游戏或竞赛，提高学生的学习兴趣和参与度。通过游戏化的教学方式，学生能够更加积极主动地参与到教学过程中，从而达到更好的教学效果。

最后，教师可以利用故事情境将教学内容与数学发展历史相结合，设计富有情感色彩的教学场景，增加学生对数学知识的认同感和兴趣。通过虚拟仿真技术展示与教学内容相关的视觉场景，学生能更好地理解抽象的数学概念，并提高学习效果。

综上所述，利用虚拟仿真技术背景下的高等数学教学应当注重创造生动有趣的教学场景，激发学生的学习兴趣和参与度，从而提高情境教学的效果，促进学生深入理解数学知识和培养应用能力。

第六章　思维创新在高等数学中的应用

第一节　数学教学中创造性思维的培养

一、数学创造性思维特征

思维就是平常所说的思考，创造性思维就是与众不同的思考。数学教学中所研究的创造性思维是人类高级的思维活动，是指人们对事物间的联系进行前所未有的思考并产生创见的思维。这种思维活动通常包括发现新事物、提出新见解、揭示新规律、创造新方法、建立新理论、解决新问题等思维过程。尽管这种思维结果不一定是首次发现或前所未有的，但一定是思维主体自身的首次发现或超越常规的思考。从这个角度讲，数学教学中培养学生的数学创造性思维能力具有重要意义。

数学创造性思维是思维主体自觉的能动思维，是一种十分复杂的心理和智能活动，需要有创见的设想和理智的判断。其主要特征是：

（一）广阔性

数学创造性思维的广阔性体现在其涉及的领域和方法的多样性上。数学作为一门抽象的科学，涵盖广泛的领域，包括代数、几何、数论、概率论等。在这些领域中，数学家们通过创造性思维不断地提出新的概念、定理和方法，推动了数学的发展。

创造性思维在数学中的广阔性还体现在其方法的多样性上。数学家们常常通过直觉、类比、归纳、推理等方法来解决问题和发现新的数学结论。有时候，他们会受到自然界、艺术和其他学科的启发，从而开辟出全新的研究方向和方法论。

此外，数学创造性思维的广阔性还表现在解决问题的方式的开放性和灵活性上。在解决数学问题的过程中，数学家们往往面临多种路径和方法，而创造性思维使他们能够灵活地选择和运用这些方法，从而找到最优的解决方案。

总之，数学创造性思维的广阔性体现在其涉及的领域、方法和解决方式的多样性和灵活性上，这使得数学在不断发展的过程中呈现出新的面貌。

（二）灵活性

数学创造性思维的灵活性体现在其对问题的多样性和复杂性的理解、对解决问题的方法的多样性和灵活性的认识以及对数学概念和原理的灵活运用等方面。在数学创造性思维中，灵活性是一种关键的能力，它使得数学家能够在面对各种问题和挑战时找到新颖而富有创意的解决方法，推动数学的不断发展和进步。

首先，数学创造性思维的灵活性体现在对问题的多样性和复杂性的理解上。数学问题的种类繁多，有些问题会涉及多个领域的知识，具有较高的复杂度和挑战性。面对这些问题，数学家需要具备灵活的思维方式，能够从不同的角度和层面去理解问题，找到问题的本质，并采取合适的方法进行解决。例如，在解决一个复杂的数论问题时，数学家会运用代数、几何、分析等不同的数学方法和技巧，以及其他学科的知识，从而找到一个全面而有效的解决方案。

其次，数学创造性思维的灵活性还体现在对解决问题的方法的多样性和灵活性上。在面对一个数学问题时，数学家可以运用多种不同的方法和技巧进行求解，包括直接证明、间接证明、反证法、归纳法、逆向思维等。他们可以根据问题的特点和自己的经验选择最合适的方法，并且在解题过程中随时调整和改变方法，以便更快地解决问题。这种方法的多样性和灵活性使数学家能够从不同的角度和层面去理解和解决问题，从而提高解题的效率和准确度。

最后，数学创造性思维的灵活性还体现在对数学概念和原理的灵活运用上。数学家在研究和探索数学领域时，经常会面临一些新的概念和原理，需要灵活地运用这些概念和原理来解决具体的问题。他们可以根据问题的要求和条件，灵活地运用已有的数学知识和技巧，或者创造性地提出新的数学概念和方法，从而找到一个满足问题要求的解决方案。这种灵活性使数学家能够在面对复杂和困难的问题时找到富有创造性的解决方法，推动数学的不断发展和进步。

总的来说，数学创造性思维的灵活性是其成功的关键之一，它使数学家能够从不同的角度和层面去理解和解决问题，找到新颖而富有创意的解决方法，推动数学的不断发展和进步。因此，在数学教育中，应该注重培养学生的创造性思维，提高他们的灵活性和创造性，从而为未来的数学发展培养更多的人才。

（三）简捷性

数学创造性思维的简捷性在于其能够迅速而直接地找到解决问题的路径和方法，以及在解决问题过程中能够简化复杂的思维过程，实现简单、清晰的表达和推导。简捷性是指在解决数学问题时，能够以简单、高效的方式思考和处理，不臃肿、不烦琐，直截了当地抓住问题的关键，从而快速地完成解答或发现新的数学规律和定理。

首先，数学创造性思维的简捷性体现在解决问题的路径和方法上。数学家在面对一个复杂的问题时，往往能够迅速地找到解决问题的途径和方法，不会陷入思维的僵局或死角。他们能够准确地抓住问题的关键，从而以最简单、最直接的方式解决问题，节省了大量的时间和精力。

其次，数学创造性思维的简捷性还体现在思维过程的简化上。数学家在解决问题时，往往能够简化复杂的思维过程，将问题简化为更加易于理解和处理的形式，从而能够更快地完成解答或发现新的数学规律和定理。他们能够将问题分解为更小的子问题，然后逐步解决，使整个解题过程更加简洁明了。

最后，数学创造性思维的简捷性还体现在表达和推导上。数学家在表达和推导数学理论和结论时，往往能够以简单、清晰的方式进行，不会使用过于烦琐复杂的语言和符号，使他们的思想更容易被理解和接受。他们能够用简洁的语言和符号将复杂的数学概念和定理表达出来，使其更具有说服力和可信度。

（四）批判性

数学创造性思维的批判性体现在对问题的深入分析和批判性思考上。数学家在解决问题或发展新理论时，往往会对问题进行全面而深入的分析，不是从表面现象出发，而是深入探究问题的本质和内在联系，从多个角度思考问题，并对已有的理论和结论进行批判性评价和检验。

首先，数学创造性思维的批判性体现在对问题的全面分析上。数学家在解决问题时，会对问题进行全面的分析，包括问题的条件、限制和假设等方面，从而更准确地把握问题的本质和要求，找到解决问题的途径和方法。

其次，数学创造性思维的批判性还体现在对已有理论和结论的评价和检验上。数学家在发展新理论或解决问题时，往往会对已有的理论和结论进行批判性评价和检验，发现其中的不足和局限性，并试图提出更好的解决方案或理论，从而推动数学的不断进步和发展。

最后，数学创造性思维的批判性还体现在对解题过程和结果的反思和评价上。数学家在解决问题或发展新理论的过程中，会不断地对解题过程和结果进行反思和评价，发现其中的不足和错误，并尝试找到改进的方法和方案，从而不断完善自己的思维和方法。

综上所述，数学创造性思维的批判性是其成功的重要组成部分，它能够帮助数学家更准确地把握问题的本质和要求，发现已有理论和结论的不足和局限性，并不断完善和改进自己的思维和方法，从而推动数学的不断进步和发展。因此，在数学教学中，教师应该注重培养学生的批判性思维，提高他们分析和评价问题的能力，从而培养更多具有创造力的数学人才。

（五）创新性

思维的创新性体现了一种探索未知、追求新颖、独立思考的智力品质。在学习和研究数学的过程中，思维的创新性是指学生或研究者在解决问题或发展理论时，能够以全新的视角和方法，打破思维的边界，达到新的认知高度和成就。这种创新性的思维精神包含首创性和新颖性两个方面。

首创性是指个体能够提出全新的观点、理论或方法，对问题进行全新的解读和处理。这种思维的创新性要求个体具备敏锐的洞察力和独立思考能力，能够跳出传统的思维模式，勇于挑战现有的认知框架，从而开辟出全新的思维路径和解决方案。

新颖性是指个体在解决问题或探索数学关系时，能够提出独特而富有创意的思路和方法。这种思维的创新性要求个体具备丰富的想象力和创造力，能够灵活运用已有的知识和技能，并将其组合和延伸，产生出新的、前所未见的解决方案或结果。

在数学学习中，学生展现思维的创新性体现在多个方面。例如，能够独立发现和理解数学概念，不仅是机械地记忆定义，而是能够深入思考其内涵和意义；能够发现定理的证明，并提出自己的证明思路和方法；能够在解决问题过程中发现新颖的解题方法，超越传统的范畴。

总的来说，思维的创新性是数学学习和研究中非常重要的品质，它不仅体现了个体的智力水平和学习能力，也推动了数学知识的不断发展和进步。

二、创造性思维的形式

（一）直觉思维

直觉思维是指在没有明确逻辑推理的情况下，通过直接感知和感觉来做出决策或判断的一种思维方式。这种思维方式通常是基于个人经验、直觉和感觉，而不是严格的逻辑推理或系统化的分析。人们在日常生活中经常使用直觉思维，因为它能够快速地产生反应，帮助人们在复杂的环境中迅速做出决策。此外，直觉思维也可以在创造性思维和艺术领域发挥作用，因为它能够帮助人们直接从内心感受到灵感，而不需要经过长时间的分析和推理。

然而，直觉思维也存在一些局限性。由于它主要依赖个人经验和感觉，因此会受到主观偏见和个人情感的影响。在需要准确的逻辑推理和深入分析的情况下，直觉思维可能不够可靠，容易产生误判或错误的决策。因此，在这些情况下，更加系统化和理性的思维方式更为有效。

总的来说，直觉思维是人类思维的一种重要方式，它能够在某些情况下快速产生反应，并帮助人们迅速做出决策。然而，在需要准确和深入分析的情况下，更加理性和系统化的思维方式更为可靠。

（二）猜想思维

猜想思维是指基于有限的信息或证据，通过推断、假设和推测来形成理解或假设的一种思维方式。在猜想思维中，人们常常根据已知的信息或经验，试图推测未知的情况或结果。这种思维方式通常用于填补信息的空白或解释不确定的情况。

猜想思维在日常生活中经常被使用，特别是在面对不确定性或缺乏充分信息的情况时。例如，当人们面临一个未知的问题时，会根据已有的知识和经验作出推测和假设，以便更好地理解问题的本质或找到可能的解决方案。在解决问题或做出决策时，猜想思维可以帮助人们迅速形成初步的理解或方向，从而指导后续的行动和思考。

然而，猜想思维也存在一些局限性。由于它基于有限的信息和推测，因此会导致不准确或错误的结论。在面对复杂或多变的情况时，过度依赖猜想思维会导致偏见或误导，影响问题的准确分析和解决。因此，在使用猜想思维时，人们需要保持谨慎和批判性思维，不断审查和验证自己的假设，以确保最终的推断或结论是可靠和合理的。

总的来说，猜想思维是一种在有限信息下形成理解或假设的重要思维方式。它可以帮助人们填补信息的空白，指导行动和决策，但同时需要注意谨慎和批判性思维，以避免不准确或错误的结论。

数学猜想是在数学证明之前构想数学命题的思维过程。数学事实首先是被猜想，然后是被证实。那么构想或推测的思维活动的本质是什么呢？从其主要倾向来说，它是一种创造性的形象特征推理。也就是说，猜想的形成是对研究的对象或问题，联系已有知识与经验进行形象地分解、选择、加工、改造的整合过程。黎曼猜想、希尔伯特 23 个问题中提出的假设或猜想等都是数学猜想的著名例子。这些猜想有些是正确的，有些是不正确的或不可能的，它们已被数学家证明或否定或加以改进；有些则至今仍未得到解决。但是所有这些猜想或问题吸引了无数优秀的数学家去研究，成为推动数学发展的强大动力。

猜想思维的主要倾向包括类比性猜想、归纳性猜想、探索性猜想、仿造性猜想及审美性猜想等。类比性猜想是通过比较两个对象或问题的相似性来得出新的数学命题或方法的猜想。归纳性猜想则是通过观察和分析个别或特例，从而推断出有关命题的形式或结论的猜想。探索性猜想则是根据已有知识和经验，对问题进行逼近推测，逐步提高其可靠性和合理性。仿造性猜想则是受其他学科的启示，通过模拟方法来推断数学规律或方法的猜想。审美性猜想则是运用数学美的思想，通过直观想象或审美直觉来推断问题的结论或解法。

总的来说，猜想思维是数学学习和研究中不可或缺的一部分，它是推动数学发展的重要动力。通过猜想思维，数学家们能够提出新的数学命题和解决问题的方法，不断推动数学知识的进步和发展。

（三）灵感思维

数学灵感源于数学家或数学工作者对数学科学研究或探索的激情，是长期或至少是长时间地把思想沉浸于工作与解决问题的境域中，然后受到偶发信息或精神松弛状态下的某种因素的启迪，迸发出思想的闪光与火花，于是接通显意识，产生跃迁式的顿悟，最后进行验证获得创造性的成果。因此，灵感通常是突发式的。但是若能按照上述机制诱导，则对数学工作者来说，要努力形成容易诱发灵感的环境与条件。例如查阅文献资料，与有关人员交流讨论，善于对各种现象进行观察、剖析，善于汲取各家、各学科的思想与方法，有时可把问题暂时搁置或者上床静思渐入梦境，一旦有奇思妙想，要立即跟踪记录，等等。则灵感也可以是诱发的。

（四）发散思维

发散思维是从特定的信息中产生信息，其着重点是从同一的来源中产生各种各样的为数众多的输出，很可能会发生转换作用。这种思维的特点是：朝不同方向进行思考，多端输出、灵活变化、思路宽广、考虑精细、答案新颖、互不相同。因此，也把发散思维称为求异思维，它是一种重要的创造性思维。

一般来说，数学上的新思想、新概念和新方法往往源于发散思维。按照现代心理学家的观点，数学家创造能力应和他的发散思维能力成正比。一般而言，任何一位科学家的创造能力可用如下公式来估计：

$$创造能力 = 知识量 \times 发散思维能力$$

三、培养创造性思维能力的方法

（一）数学知识与结构是数学创造性的基础

数学知识与结构是数学创造性的基础。数学知识包括数学概念、定理、公式、方法等，而数学结构则指数学对象之间的关系、规律和组织方式。这些知识和结构相互交织、相互支撑，构成了数学的理论框架和体系。

首先，数学知识为数学创造提供了丰富的素材和工具。数学知识的积累和掌握使人们能够了解和探索数学领域的基本概念和定理，掌握各种数学方法和技巧，从而在实践中运用这些知识解决问题，创造新的数学成果。

其次，数学结构为数学创造提供了逻辑和体系化的支持。数学结构反映了数学对象之间的内在关系和规律，揭示了数学领域的基本性质和结构特点，为数学研究提供了重要的线索和方向。通过对数学结构的分析和理解，人们可以深入探究数学领域的本质和内在规律，从而产生新的理论和方法。

最后，数学知识与结构之间相互作用、相互促进。数学知识的发展和应用不断推动数学结构的演化和完善，而人们对数学结构的深入理解和探索也促进了数学知识的生成和创新。正是在这种相互作用和相互促进的基础上，数学创造性才得以实现，数学领域才会不断涌现新的理论、方法和成果。

因此，可以说数学知识与结构是数学创造性的基础，二者相辅相成、相互交织，共同推动数学领域的发展和进步。只有充分理解和掌握数学知识与结构，才能够在数学研究和实践中展现出创造性的思维和能力，为数学的创新和发展做出贡献。

（二）一定的智力水平是创造性的必要条件

创造力本身是智力发展的结果，它必须以知识技能为基础，以一定的智力水平为前提。创造性思维的智力水平集中体现在对信息的接收能力和处理能力上，也就是思维的技能。衡量一个人的数学思维技能的主要标志是他对数学信息的接收能力和处理能力。

对数学信息的接收能力主要表现在对数学的观察力和对信息的储存能力。观察力是对数学问题的感知能力，通过对问题的解剖和选择，获取感性认识和新的信息。一个人是否具备敏锐、准确、全面的观察力，对捕捉数学信息非常重要。信息的储存能力主要体现为大脑的记忆功能，即完成对数学信息的输入和有序保存，以供创造性思维活动检索和使用。因此，信息储存能力是开展创造性思维活动的保障。

信息处理能力是指大脑对已有数学信息进行选择、判断、推理、假设、联想的能力，包括想象力和对信息的操作能力。丰富的数学想象力是数学创造性思维的翅膀，而求异的发散思维则是打开新境界的突破口。

情绪等心理素质对创造性思维的影响很突出，往往称其为"情绪智商"（EQ），以和智商（IQ）相区别。情绪智商包括心境、激情和热情。良好的心境能提高数学创造性思维的敏感性和效率，激情是创新意识和进取的斗志，而热情则是创造的心理推动力量。

意志表现为人们为了达到预定的目的自觉地运用自己的智力和体力积极地与困难做斗争，是数学创造的心理保障。

兴趣是数学创造性思维的心理动力，稳定、持久的兴趣能促进思维向深度发展，使人对探索数学问题保持热情。

综上所述，数学创造性思维的培养需要综合考虑多个因素，包括知识技能、情绪智商、意志品质和持久的兴趣。有效知识量、情商都是与后天教育相关的因子，因此，培养数学创造性思维是一个长期而综合的任务。

（三）通过数学教育提高创造性思维能力

1.转变教育观念，将培养创造性能力作为数学教育的原则

转变教育观念，将培养创造性能力作为数学教育的原则，是数学教育改革的重要方向之一。传统的数学教育往往注重对知识点的灌输和机械式的应用，而忽视了培养学生的创造性思维能力。然而，随着社会的发展和科技的进步，未来的人才需求越来越倾向于具有创造性和创新能力的人才。

将创造性能力作为数学教育的原则意味着教育者需要对教学内容、教学方法及评价体系等方面进行全面的改革。

首先，教学内容应该更加注重启发学生的思维，引导他们自主探索和发现数学规律。教师应该设计富有启发性的问题，鼓励学生进行独立思考和探索，培养他们解决问题的能力。

其次，教学方法也需要转变，不再以传统的讲述和记忆为主，而是采用更具互动性和探究性的教学方式。例如，可以采用问题导向的教学方法，让学生通过解决问题掌握数学知识，从而培养他们的创造性思维能力。同时，教师也应该成为学生学习的引导者和指导者，给予他们足够的自由和空间，激发他们的学习兴趣和创造力。

最后，评价体系应该与教育目标相一致，不再只注重学生的记忆和应试能力，而是更加注重学生的思维能力和创造性表现。评价应该更加多样化，包括课堂表现、作业完成情况、项目设计等多个方面，全面地反映学生的学习水平和创造性思维能力。

总之，将创造性能力作为整个数学教育的原则，需要教育者全面转变教育观念，从教学内容、教学方法及评价体系等多个方面进行改革，以培养学生的创造性思维能力，为他们未来的发展打下坚实的基础。

2.在启发式教学中采用的六个可操作性措施

数学教学经验表明，启发式方法是使学生在数学教学过程中发挥创造性的基本方法之一。教学是一种艺术，在一般的启发式教学中艺术地采用以下可操作性

措施对学生的数学创造性思维是有益的。

第一，观察试验，引发猜想。通过有意识地设计、安排学生观察试验、猜想命题、找规律的练习，逐步形成学生思考问题时的自觉操作，从而促进学生的创造性思维发展。

第二，数形结合，萌生构想。运用数形结合这一方法，帮助学生在数学教学中形成直观的数学概念，激发他们的创造性想象力。

第三，类比模拟，积极联想。通过类比方法，学生可以从类似事物的启发中找到解题途径，从而培养他们的创造性思维。

第四，发散求异，多方设想。在教学中鼓励学生发散思维，沿着各种不同方向思考问题，探索新的解题方法，培养他们的创造性思维能力。

第五，思维设计，允许幻想。通过动脑设计、构想程序等方式，培养学生的抽象思维和建构能力，促进他们在数学教学中展开创造性思维活动。

第六，直觉顿悟，突发奇想。在数学教学中创设情境，引发学生的直觉思维，让他们通过直觉领悟或洞察解决问题的方法，培养创造性思维能力。

通过以上可操作性措施，教师可以在启发式教学中有效地引导学生发挥创造性思维，提升他们的数学学习和解决问题的能力。

3. 数学教学中要注意以下五个方面

第一，加强基础知识教学和基本技能训练，为发展学生的数学思维和提高创造能力奠定坚实的基础。这不仅为他们未来的学习和职业生涯奠定了牢固的基础，也是培养学生数学思维和创造能力的重要途径。基础知识和技能的掌握是学习和工作成功的必备条件，因此教学过程中必须重视这一点。然而，仅掌握知识还不够，必须与能力培养结合起来。知识与能力相辅相成，两者缺一不可。教学的真正目标在于如何在学习过程中将知识的获取与能力的发展相结合，使之相互促进。因此，教学过程中必须正确处理学懂与学会的关系。学生不仅需要理解知识，更需要掌握运用知识的能力。在这个过程中，思维扮演着重要角色，它是将外在因素转化为内在因素的桥梁。因此，教学应重视在传授知识的同时训练学生的思维，促进其能力的发展。通过解题等活动，可以有效培养学生的思维和解决问题的能力，从而进一步加强他们的数学思维和创造能力。

第二，重视在传授知识的过程中训练学生思维，培养能力。数学教学不但要传授知识，而且要传授思想方法，发展学生的思维和提高他们的能力。能力的发展需要与基础知识教学结合起来，从大量的知识内容中获得思想方法和发展能力的因素。通过思维方法的训练和反复的练习，学生才能够学会运用这种思想方法和发展能力。在教学中，要研究将知识转化为能力的过程。教学工作的核心是促进知识转化为能力，教师需要深入研究学生在学习过程中的思维状况，使学生将知识转化为能力，更快地提高能力。同时，解题是发展学生思维和提高能力的有效途径。解题是一种富有特征的活动，它是知识、技能、思维和能力综合运用的过程。通过解题，学生可以更好地把握题目的实质，快速地把掌握的方法迁移到其他题目上，并且在必要时能够灵活地运用不同的解题方法。思维与解题过程密切相关，通过解题可以培养学生的创造性思维和解决问题的能力。因此，数学教学应重视在传授知识的过程中训练学生的思维，从而提高他们的数学素养和应对问题的能力。

第三，研究把知识转化为能力的过程。对任何人来说，知识是外在因素，能力是内在因素。教学工作就是要促进知识转化为能力，而且转化得越快越好，这是教学方法的科学实质。我们知道，只有在知识和能力之间建立起来一种联系才能促使其相互转化，这种联系是大脑功能的反映，是思维的产物。在教学中学生思维的内容就是教学内容，教师必须深入研究学生在学习过程中的思维状况，知识是在思维活动过程中形成的。在教学中知识转化为能力是通过思维来实现的。这一般表现为求异思维和求同思维，这是学习过程中基本的思维方式。求异思维就是对事物进行分析比较，找出事物之间的相同点和不同点。求同思维就是从不同事物中抽取相似的、一般的和本质的东西来认识对象的过程。

第四，解题是发展学生思维和提高能力的有效途径。解题不仅是解决问题，更是一种综合运用知识、技能、思维和能力的过程。通过解题，学生不仅可以加深对知识的理解，还能培养分析问题、提出解决方案的能力。强调解题的重要性是因为它能够锻炼学生的逻辑思维、创造性思维和批判性思维，帮助他们更好地应对现实生活中的挑战。在解题过程中，学生需要运用不同的方法和策略，从而提高解决问题能力和创新能力。因此，解题不仅是学习数学的一部分，也是培养学生综合能力的重要手段。

第五，变式教学是"双基"教学、训练思维和培养能力的重要途径。所谓变式，指的是在不改变问题本质的情况下，通过变换问题的条件或形式，或引入新条件、新关系，使问题呈现出新的形态和性质。这种教学方法旨在加强学生的基础知识和基本技能，同时培养他们的思维能力和解决问题能力。通过变式教学，学生可以从不同角度思考问题，探索问题的本质，培养分析和判断能力。此外，变式教学还可以激发学生的学习兴趣，提高学习的主动性和创造性。因此，变式教学不仅是一种教学途径，更是一种重要的思维方法，对于促进学生综合素养的全面提升具有积极作用。

变式有多种形式，如形式变式、内容变式、方法变式。其一，形式变式是指在不改变问题本质属性的情况下，变换问题的呈现形式。例如，可以改变用来说明概念的直观材料或事例的呈现形式，使其中的本质属性不变，而非本质属性时有时无。举例来说，将揭示某一概念的图形由标准位置改变为非标准位置，或由标准图形改变为非标准图形，就是形式变式的一种应用，也称为图形变式。其二，内容变式是指对习题进行引申或改编，将其单一性问题变化成多种形式、多种可能的问题。这种变式可以使问题层层深入，促使思维不断深化，从而提高学生的思维能力。其三，方法变式是指通过不同的解题方法，使同一问题变成一个用多种方法解决的问题。例如，通过方法变式，可以让学生尝试用不同的途径思考和解决问题，从而使他们的思维更加灵活、深刻。一题多解的方法变式能够激发学生的求知欲，提高他们的解决问题的能力和创造性。

在高等数学教学中，要结合相关的知识点，着重培养学生的创造性思维能力：通过引导学生在学习过程中思考问题的本质、探索不同的解决方法，以及鼓励他们自主提出问题和寻找解决方案，可以有效地提高学生的创造性思维水平。这种培养方式不仅有助于学生更深入地理解数学知识，也能够为他们将来在学术和实践领域的发展打下坚实的基础。因此，在高等数学教学中，教师应该注重培养学生的创造性思维，使他们成为具有创新能力和解决问题能力的终身学习者和实践者。

（四）数学教学应引导学生亲身经历数学家的思维活动过程

数学教学的目标之一是引导学生亲身体验数学家的思维活动过程。这种体验不仅能够帮助学生更好地理解数学的本质和魅力，还可以激发他们的创造性思维和解决问题的能力。

首先，数学教学应该通过丰富多样的教学方法和活动，让学生深入了解数学家是如何思考和工作的。这可以通过解析数学家的经典定理和证明过程，介绍数学家的生平和思想，以及展示数学家如何应用数学解决实际问题等方式来实现。

其次，数学教学应该鼓励学生参与类似数学家的思维活动。这包括设计和解决有挑战性的数学问题，进行数学建模和研究项目，以及参与数学竞赛和学术会议等活动。通过这些实践，学生可以更加直接地体验数学家的思维过程，并从中获得启发和经验。

最后，数学教学应该注重培养学生的批判性思维和创造性思维。学生需要学会质疑和审视数学理论和方法的合理性，以及勇于提出新的想法和解决方案。教师不仅需要引导和激励学生，还需要创设开放、自由的学习环境，让学生敢于冒险和尝试。

总的来说，数学教学应该致力于引导学生亲身经历数学家的思维活动过程，通过理论学习、实践活动和批判性思维的培养，激发学生的数学兴趣和创造力，将他们培养为具有数学思维能力的未来领袖和创新者。

（五）加强数学直觉思维的训练

直觉思维是一种快速、直接的思考方式，依靠内在的感知和直觉来解决问题，而不是严格的逻辑推理。以下是一些加强数学直觉思维训练的方法：

首先，通过丰富多样的数学问题和情境来培养学生的数学直觉。教师可以设计一些具有挑战性和启发性的问题，让学生在解决问题时依靠直觉来猜测和预测，从而加深他们对数学概念和原理的理解。

其次，注重数学问题的几何和图形化呈现。几何图形往往能够激发学生的空间想象力和直觉思维，让他们通过观察图形来发现数学规律和关系，从而提升数学直觉思维能力。

再次，鼓励学生进行数学探究和实践。让学生参与数学建模、探究性学习和实验，让他们亲身体验数学的应用和实际意义，从而培养他们的数学直觉和创造性思维。

最后，利用技术手段提升数学直觉思维训练的效果。通过数学软件、在线资源和交互式教学工具，让学生在虚拟环境中进行数学探索和实验，从而激发他们的直觉思维和创造性思维。

总的来说，加强数学直觉思维的训练可以帮助学生更好地理解数学概念和原理，提升解决数学问题的能力和创造性思维水平，为其未来的学习和科学研究打下坚实的基础。

（六）加强发散思维的训练

发散思维是指能够从不同的角度和方向进行思考，产生多种可能性和解决方案的思维方式。以下是一些加强数学发散思维训练的方法：

第一，提供开放性和多样性的数学问题。教师可以设计一些开放性的数学问题，鼓励学生进行自由思考和探索，同时给予他们充分的自由度和表达空间，让他们尝试用不同的方法和思路来解决问题。

第二，鼓励学生进行头脑风暴和使用思维导图等工具。教师可以组织学生进行头脑风暴活动，集中大家的智慧和创造力，产生更多的想法和解决方案。同时，引导学生使用思维导图等工具，将复杂的问题拆分为多个子问题，并尝试找出各种解决途径。

第三，注重培养学生的想象力和创造力。教师可以通过给学生讲解一些有趣的数学问题或故事，激发他们的想象力和创造力，引导他们提出新颖的观点和解决方法，从而拓展他们的发散思维。

综上所述，加强数学发散思维的训练有助于学生培养创造性思维和解决问题的能力，为其未来的学习和科学研究打下坚实的基础。

（七）加强合情推理能力的培养

大家知道，论证推理本身并不能产生新知识，在某些情况下，教学生大胆猜想、直觉判断远比教学生论证推理、证明要有意义得多。因此，培养直觉思维能力就要求教师在教学中，应努力给学生提供探索与交流的空间，引导学生"经历观察、实验、猜想、证明等数学过程"，即教师通过认真钻研教材、挖掘教材，按照建构主义的理论，对教学内容、学习环境、师生行为等进行预测，把教学内容设计成一系列具有探索性的问题，为同学们创造出一种"愤悱"的环境，让学生在"探索、猜想、交流"的过程中，在亲身"做数学"的"实际操作"中，"不知不觉"地提高和发展自己的直觉思维能力。

例如，从"探索数字特征规律"中设置问题串。

例题：探索数字特征规律。

$$15^2=225=100 \times 1 \times （1+1）+25$$
$$25^2=625=100 \times 2 \times （2+1）+25$$
$$35^2=1225=100 \times 3 \times （3+1）+25$$
$$45^2=2025=100 \times 4 \times （4+1）+25$$
$$75^2=5625=（\quad\quad）$$
$$85^2=7225=（\quad\quad）$$

①找出规律，把上面的空白填完整。

②你能用字母表示上面的规律吗？

③计算 2005² 的值。

本题属于探索运算规律型的问题，引导学生解题的关键是：从已给出的四个式子中发现 100、1 和 25 是每个式子公有的，因此要填的式子中也肯定有，再研究分析括号外乘的数与括号中的数加 1，同前面的数字有关，这样就找出了规律。鼓励学生再探索下去就可以得到：解第②小题的关键是如何表示关键数字，等式右边再按第①小题的规律表示即可。如果表示出第②小题，则只需把相应的值代入，就可以求出第③小题的结果。最后归纳小结：其实这些问题之间是有联系的，上一小题是为下一小题服务的，下一小题需用到上一小题的思路。

① $75^2=5625=100 \times 7 \times （7+1）+25$

$85^2=7225=100 \times 8 \times （8+1）+25$

② $（10 \times n+5）^2=100 \times n \times （n+1）+25$

③ $2005^2=（10 \times 200+5）^2=100 \times 200 \times （200+1）+25=4020025$

教师在教学中如果能做到尽量地把教学内容以"问题"的形式展示给学生，引导他们对所给的问题进行观察、分析、实验、猜测、验证，那么学生的直觉思维能力必将得到很好的发展。

（八）加强开放题教学，培养学生思维的独创性

加强开放题教学是培养学生创造性思维的重要途径之一。开放题教学是指设计和提出没有唯一正确答案的数学问题，鼓励学生运用自己的思维方式和方法进行探索和解决。通过这种教学方式，可以激发学生的兴趣，培养他们的创造性思维，提高他们的解决问题能力和创新能力。以下是加强开放题教学，培养学生思维的独创性的四种措施：

第一，设计具有挑战性的开放性问题。教师可以精心设计一些开放性问题，要求学生在解答过程中发挥创造性思维，提出新颖的观点和解决方法。这些问题可以是数学领域内的经典难题，也可以是与学生生活、实际经验相关的问题，以激发学生的兴趣和好奇心。

第二，提供多样化的解题方法和策略。教师可以引导学生尝试不同的解题方法和策略，例如数学建模、探索性学习、问题解决等，让他们从不同的角度和方向思考问题，培养他们的多元化思维和创新能力。

第三，鼓励学生展开合作探究。教师可以组织学生进行小组合作，共同研究和解决开放性问题，通过互相交流、讨论和合作，激发学生的创造性思维，促进他们的思维碰撞和交流，从而拓展他们的思维空间和解决思路。

第四，重视学生的思维过程和思考策略。教师在评价学生作答结果时，不仅要关注答案正确与否，更要关注学生的思维过程和思考策略。可以通过学生口头或书面的表达，了解他们的思维路径、思考逻辑和解题思路，从而为他们提供及时有效的指导和反馈。

综上所述，加强开放题教学，培养学生思维的独创性是提高教学质量、促进学生全面发展的重要途径。不断创新教学方法和手段，激发学生的学习热情和创造潜能，引导他们积极参与学习过程，从而将他们培养成为具有独创性和创造性思维的优秀数学人才。

（九）运用辨异思维，培养批判性思维

批判性思维是一种重要的认知能力，它指的是在思维活动中，能够善于评估思维材料和审查思维过程的智力品质。在数学思维中，批判性表现为有能力评价解题思路的选择是否正确，愿意改正已得到的粗略结果，并对推理过程进行检验，善于找出和纠正错误。

为了培养学生的批判性思维，教师可以设计一些判断题、改错题和选择题等，引导学生展开讨论和争论，以判断真伪，加深对问题的理解。通过这样的活动，学生不仅能够加深对数学知识的理解，还能够培养自我评价和批判的能力，提高分析问题和解决问题的能力。

此外，教师还可以鼓励学生在解题过程中保持质疑的态度，提出自己的疑问和观点，并帮助他们厘清思路、发现错误、纠正偏差。通过这样的实践，学生能

够逐渐培养出独立思考和批判性思维的能力，为他们未来的学习和生活打下坚实的基础。

因此，培养批判性思维是教学中的重要任务之一。通过设计相应的教学活动和引导学生的思维实践，可以有效提高学生的批判性思维水平，促进他们的全面发展。

四、培养解决数学问题能力与创造能力的方法

对于学生来说，学习数学不但会掌握数学知识和数学技能，而且会发现与创建"新知识"（再创造），即能够进行一定的创造性数学活动。学生的创造性活动同科学家的创造性活动有很大的不同，当然两者也有深刻的一致性。学生在学习数学的活动中不断产生对他们自己来说是新鲜的、开创性的东西，这是一种创造。学生的创造性往往是在解决数学问题的过程中逐渐培养起来的。学生学习解决数学问题的过程，实际上就是学习创造性数学活动经验的过程。

（一）教师要引导学生独立解决问题

解决数学问题的活动应由学生主动独立地进行，教师的指导应体现在为学生创设情境、启迪思维、引导方向上。

学生在解决数学问题时，应该主动地思考、探索，发挥自己的创造性思维，而不是被授予解题方法。教师在教学中的角色更像是一个引导者，他们应该创设各种情境，激发学生的兴趣和求知欲，启迪学生的思维，引导他们寻找解决问题的途径。通过设计具有挑战性和启发性的问题，教师可以激发学生的思维活力，培养他们独立思考和解决问题的能力。在学生独立解决问题的过程中，教师应该及时给予适当的指导和帮助，引导学生正确的思维方向，但不应该过多地干预或直接提供答案，让学生有机会自己思考、探索，并从中获得成长和收获。这种以学生为主体、教师为指导者的教学模式，能够更好地激发学生的学习兴趣，培养他们的自主学习能力和创造性思维能力，促进他们的全面发展。

（二）寻找问题也是学生创造性的一个重要表现

在问题解决的学习中，要尽量通过问题的选择、提法和安排来激发学生的兴趣，唤起他们的好胜心与创造力。"善问"是数学教师的基本功，也是所有数学教育家十分重视的问题。一个恰当而富有吸引力的问题往往能拨动全班学生思维

之弦，演奏一曲耐人寻味甚至波澜起伏的交响乐。因此，教师在课堂教学中的提问方式很关键。教师应该善于选择具有挑战性和启发性的问题，通过提问来引导学生主动思考、探索和解决问题。一个巧妙的问题不仅能引起学生的兴趣，还能激发他们的好奇心和求知欲，促使他们更加主动地参与解决问题的过程中。通过不断提出富有创意和挑战性的问题，教师可以有效地激发学生的学习热情，培养他们的创造性思维能力，提高他们解决问题的能力，从而实现教学的最终目标。

具体到数学教学活动中，应该注意以下八点：

第一，传统的数学教育往往侧重于教授常规思维方法来解决常规数学问题，而在引导学生如何解答非常规数学问题方面存在一定的空白。因此，采取试探策略引导学生运用创造性技术解决问题，对于培养学生的创造性思维有很大的益处。

第二，有效激发创造性思维的途径主要包括设置活跃创造性思维的环境条件、坚持以创造为目标的定向学习和实施激疑顿悟的启发教育。非常规数学问题解答为这些途径提供了一种将它们结合起来的方式。

第三，教会学生如何进行创造性思维，并关注解答问题的思考过程，而不仅是答案本身。问题解答过程的教育意义比得到正确答案更为重要，因为它能够激发学生的学习兴趣，引导他们进行深入思考。

第四，许多学生在解题过程中往往被自己原有的思路限制，导致陷入困境。教师应该引导他们尝试改变思路，从不同的角度考虑问题，这有助于开拓学生的思维。

第五，教师应当通过提问引导学生回顾解答过程，不仅要关注答案是否正确，还要着重让学生思考解答的方法和过程，从中获得额外的教育收获。

第六，在积极的课堂氛围中，教师应鼓励学生进行猜测、思考和想象，这有助于培养他们的创造性思维能力。同时，教师要教学生尝试猜测并鼓励他们进行试错，这是培养创造性思维的重要方式。

第七，学生应该构建自己解答问题过程框架，并随着解答过程的进行不断完善。通过文字、符号或图表表达解答过程和结果的能力对于问题解答相当重要。

第八，重视非常规教学，不仅要关注常规数学问题的解答和思维方法训练，还要注重非常规数学问题和弱思维方法的培养。这种全面的教学方式可以更好地促进学生的综合发展，提高他们的解题能力和创造性思维能力。

五、培养数学猜想能力的策略

（一）加强对基本知识、基本技能、基本思想与基本活动经验的教学

数学猜想并非无中生有的随意猜测，而是建立在一定事实根据上的推理与假设。学生的数学猜想能力受到其知识容量和数学认知结构的影响，因此，要培养学生的数学猜想能力，首先需要加强基础知识的教学。

在基础知识的教学方面，教师应注重将数学知识与学生的生活经验和学科知识相联系，通过实验、操作和尝试等活动，引导学生进行观察、分析和抽象概括，从而加深他们对知识的理解。教师还应揭示知识的数学实质和思想，帮助学生理清知识之间的联系和区别，而不是让他们仅依赖死记硬背，应以理解为基础，不断巩固和深化知识。

在基础技能的教学方面，教师应让学生不仅掌握技能操作的程序和步骤，更要理解其背后的道理和原理，这比简单地掌握技能更为重要。

关于基本思想的教学，教师应在讲授基本知识的同时，让学生清晰地了解知识的产生过程、相互联系及整个知识体系的框架，以便学生不仅掌握基本知识，还能掌握其中蕴含的数学思想方法。

在基本活动经验的感悟方面，教师应设计课堂活动和教学方案，让学生参与思考、探究、抽象、预测、推理和反思的过程，从而使他们在实践中积累正确的思考和实践经验。这些过程将为学生的数学猜想能力的培养奠定良好的基础。

（二）把猜想能力的训练贯穿教学的全过程

在数学教学中贯穿猜想能力的训练是重要的，因为猜想是数学思维活动的起点和动力源泉。通过培养学生的猜想能力，可以激发他们的求知欲和探索欲，促进他们主动思考并提高解决问题的能力。

在数学教学的各个环节，都可以有意识地引导学生进行猜想。在引入新知识时，教师可以提出问题，引导学生进行初步猜想；在解决问题时，教师可以鼓励学生提出自己的猜想，并引导他们通过实际操作和推理来验证猜想的正确性；在复习阶段，教师可以设计一些有趣的问题，让学生运用所学知识进行猜想和探索。

除了课堂教学，教师还可以通过课外阅读、数学竞赛等活动来培养学生的猜想能力。通过参与这些活动，学生可以接触到更多的数学问题和挑战，从而激发他们对数学的兴趣，提高他们的猜想能力和解决问题的能力。

总之，将猜想能力的训练贯穿数学教学的全过程，可以有效激发学生的数学兴趣，提高他们的数学思维水平，培养他们主动探索和解决问题的能力，为他们未来的学习和生活奠定坚实的数学基础。

（三）重视实验教学

学习数学最好的方法之一就是通过实践来掌握知识。通过让学生亲自操作、实验或使用现代教育技术手段演示和操作数学知识，他们可以更深入地理解数学的概念和原理，从而更好地将其应用于实际问题。在这个过程中，学生不仅能加深对数学知识的理解，还能培养合情推理能力和初步的演绎推理能力。

通过观察、实验、猜想和证明等数学活动，学生可以积极参与解决问题的过程，从而培养他们的猜想能力和创新意识。这些活动可以激发学生的求知欲和探索欲，促使他们自主地思考和探索解决问题的方法，从而提高问题解决能力和创新能力。同时，通过有条理地、清晰地阐述自己的观点，学生还可以提高表达能力和逻辑思维能力，这对他们的学习和未来的发展都具有重要意义。

因此，引导学生自己动手做数学，通过实践经验了解数学知识的形成与应用过程，是培养学生数学思维和创新意识的重要途径之一。

第二节　思维创新在数学学习中的融合应用

一、理性思维在数学学习中的应用

理性思维是一种有明确的思维方向与充分的思维依据，能对事物或问题进行观察、比较、分析、综合、抽象与概括的一种思维形式。理性思维是一种建立在客观与真实的基础上，有证据和逻辑推理的思维方式。理性思维是人类思维的高级形式，是人们把握客观事物本质和规律的能动活动，是人们探求客观规律的重要工具。理性思维能力就是以抽象的概念、判断和推理作为思维的基本形式，以分析、综合、比较、抽象、概括和具体化作为思维的基本过程，从而揭露事物的本质特征和规律性联系而表达认识现实的结果的能力。理性思维的产生，依赖客观真实的世界，为主体能够快速适应环境、为认识快速发展的物质世界找到一条出路。数学中的理性思维能力是以数学概念、原理、法则等为思维形式，以判断和数学推理等为思维手段，以分析、综合、比较、抽象、概括为思维过程，来揭示数学知识的内在特征和本质属性，来认识数学规律并表达规律结果的逻辑思维能力。

理性思维能力是数学思维品质和性格的反映，数学理性思维能力是利用概念、命题来实现对数学内在关系控制的逻辑能力。其表现形式是用原有知识发展新知识，用原有命题演绎新命题，用知识的内在价值结合思维的功能创造新的数学关系，用原有的知识经验和方法发现问题、提出问题和解决问题。数学理性思维的表现是，先用原有的知识关系主动与数学问题加强联系，接下来将数学问题的宏观信息"主动"与数学相关的模式进行对接。

（一）经验性思维

经验性思维是人类在面对问题、挑战或情境时，依据个人的经验、直觉和从日常生活中获得的知识与技能进行思考和决策的一种思维方式。它是一种基于过往经验和感知而形成的直觉性思维模式，通常在缺乏系统性分析或逻辑推理的情况下使用。经验性思维贯穿日常生活的方方面面，涉及个人对于环境、社会、人际关系等各个层面的认知和处理。

在日常生活中，人们常常借助经验性思维来解决各种问题。例如，在面对新的挑战时，我们会回顾过去的经历，寻找类似情境下的应对方式；在做决策时，我们会依据自己的直觉和感觉，而非深入分析所有可行的选项；在解决日常问题时，我们会根据过去的经验快速做出判断，而不是进行复杂的推理和计算。

经验性思维的特点之一是迅速性和直觉性。由于经验性思维依赖个人积累的经验和感知，因此在面对问题时，人们往往能够快速地做出反应和决策。这种直觉性的处理方式可以在某些情况下带来高效的结果，尤其是在压力较大或时间紧迫的情况下。

然而，经验性思维也存在一些局限性。首先，它会受到个人主观经验的限制，导致在面对新情境时产生误判或偏见。其次，由于经验性思维通常不经过系统的逻辑推理和分析，因此在处理复杂的问题或需要深入思考的情况下，会产生不准确或片面的结论。此外，过度依赖经验性思维会限制个人的创造力和创新能力发展，使其难以超越已有的认知框架和解决方案。

因此，虽然经验性思维在日常生活中具有一定的重要性和价值，但在解决复杂问题和面对未知挑战时，仍然需要结合系统性思维和逻辑推理，以获得更全面、准确和创新的解决方案。在教育和培训中，也应该注重培养学生的系统性思维能力，以及在面对问题时灵活运用不同的思维方式和解决方法的能力，从而更好地适应和应对多样化的需求和挑战。

数学学习过程与事物的发展过程有相似之处，都是相对变化的统一。在数学学习的过程中，学生面临内部认知水平与新需求之间的矛盾。这里的内部认知水平包括已经形成的数学学习经验，其中既包括对具体知识的掌握，也包括对方法的理解。学生已有的认知水平对于新学习的掌握形成了经验性思维成果。具有经验性学习水平的学生将新学习视为一种需要，这种需要不仅为学习活动铺平了道路，还引导和调节学生的学习动机，促进了新学习的成功。经验性思维是一种基于已掌握的数学基础和方法，随时可以被调用的思维模式。这种模式是特定的、符合个体特色的、具有个体学习意义的模式，对于掌握数学内部各种关系和进行判断、推理、综合、概括起基础作用。因此，经验性思维对于稳定数学学习兴趣、增强数学学习信念、提高数学学习效果发挥了积极作用。

经验性思维水平建立在已掌握知识和方法的基础上，并遵循知识和方法建构的逻辑性。系统化的知识和数学理论凝聚了人类认识活动所特有的思维经验。掌握这些知识和理论意味着获得了一定水平的经验性思维。原有经验的获得过程是指知识掌握的认识规律和思维方法形成的认识体验。这种获得过程所形成的经验概括远比知识和方法本身丰富实用，对于指导个体对新的需要学习的知识获得过程有深刻的作用。这是经验性思维对提高学习水平的贡献。

数学知识经验系统是经验性思维水平的具体表现，包括数学基础知识和数学基本技能。数学基础知识是学生头脑中已有的数学事实、结论性知识及其组织特征，它是学生经过数学学习后形成的经验系统，包括数学概念、数学语言、数学公式与符号、数学命题和数学方法及它们的组织网络。数学基本技能是在数学基础知识发生、发展和应用过程中产生的，是完成数学活动任务的复杂动作系统。

学生的数学知识经验越丰富、知识组织越合理，就越容易内化外界输入的信息，并使其成为自己知识体系的一部分。

1.数学经验性思维具有的功能

首先，教师应该更加关注使学生掌握那些带有一般性认知的技能和方法，这些技能和方法能够支配和调节认知加工过程，并对知识的合理组织起到关键作用。经验内部结构的形成需要建立起一套有效的支配和调节认知加工过程的技能，使得个体能够更好地处理和理解所接收的信息。这些一般性的认知技能和方法是学习过程中的重要工具，能够帮助学生更好地完成各种学习任务，形成更为高效的学习方式。

其次，教师应更加关注那些形成新知识的一般性认识活动方式，特别是进行创造性活动的方法和技能。经验内部结构应当是一个合理、有序、完善的整体，需要不断引进获取知识的有效方式，以形成更为强大的认知操作系统。在数学学习中，创造性活动是非常重要的，它能够激发学生的创造性思维，促进他们深入理解和应用数学知识。因此，教师应该重视培养学生进行创造性思维的能力，引导他们掌握一系列形成新知识的一般性认识活动方式，从而提升他们的数学学习水平。

综上所述，数学认知操作是在已有的经验系统基础上进行的，它涉及知觉、想象、思维等多个方面，能够帮助个体对数学信息进行组织和处理。通过不断地培养和加强这些认知操作能力，学生可以逐渐形成自己的数学能力和数学思维能力，从而更好地完成各种数学学习任务。

基于以上分析，数学经验性思维具有以下功能：

（1）选择性功能

当数学新信息出现时，经验性思维会自觉对已有的知识经验进行过滤和外化，以找出与新信息有联系的知识经验。这种功能使学习者能够有选择地应对新的学习内容，将其与已有知识相联系，从而更好地理解和应用。

（2）同化功能

在没有外界环境的影响下，经验系统是静态的，隐含于数学知识体系和活动规则中。但当外界信息打破经验系统时，经验的活动方式就会展开，用选择的经验去解释和容纳这个外来的信息。这种功能使学习者能够更好地适应新的学习环境，将新信息融入已有的知识框架中。

（3）顺应功能

如果原有认识不能接收新信息，经验性思维就会对原有结构进行改造，实现新信息的同化。这种功能使得学习者能够灵活地调整自己的认知结构，以适应新的学习需求和应对挑战。

（4）预见功能

经验性思维在容纳新的信息后，能够从整体上把握数学事实或结论，从而产生数学直觉。这种功能使学习者能够更好地预见和理解数学问题的本质，从而更有效地解决问题和应用知识。

因此，经验性思维对形成学习迁移能力有积极的影响。学习者能够将已有的知识经验与新的学习内容相联系，灵活地调整认知结构，并从整体上把握和理解学习内容，从而形成更为完善的经验性思维。这种思维模式有助于学习者在面对新的学习任务和环境时更好地适应学习需求和应对挑战，实现学习经验的有效迁移。

2. 学习中经验迁移的作用

（1）由旧结构向新结构的迁移

经验性思维使学习者能够利用已有的数学知识和经验，将其与新的学习内容相联系，从而形成新的认知结构。数学知识之间的相似性和联系为迁移提供了广阔的空间，促进了知识间的相互对价转换和新知识的融合。

（2）由理解向表达的迁移

理解是掌握知识的前提，而表达则是对知识解释的动作。经验性思维使学习者能够将过去的理解迁移到表达上，从而形成技能的迁移。这种迁移作用促进了学习的成功和进步。

（3）由数学知识向数学方法的迁移

数学的特点和性质决定了其拥有众多分支，这些分支紧密相连，并在一定条件下可以相互转换。经验性思维使学习者能够将已有的数学知识与新的数学方法结合，从而推动数学的发展和进步。数学方法的形成和发展依赖新问题的提出和解决，而经验性思维则为新的数学关系的建立和矛盾运动的促进提供了重要工具。

因此，经验性思维在知识迁移中具有重要功能，有助于学习者将已有的知识和经验与新的学习内容相联系，促进了学习的成功和进步，推动了数学知识和方法的发展和应用。

在教学活动中，教师必须深入理解新旧知识之间的联系，充分认识到经验性思维在知识迁移中的重要性。教师应该引导和帮助学生，使他们能够将已有的数学知识和经验与新的学习内容相联系，并促进对新知识的理解和掌握。同时，教师还应该注重培养学生的思维表达能力，帮助他们将理解转化为表达，从而形成对知识的深入理解。此外，教师还应该使学生加强对数学基本方法的掌握，为他们在学习过程中提供必要的支持和指导，使他们能够更好地应用数学方法解决问题，从而提升他们的数学学习效果。

经验的迁移还体现在知识的抽象与具体化关系上。抽象知识用实例做具体化解释，这是抽象向具体化迁移，能加深知识理解的厚度。特殊化、具体化知识通过升华转换为概括性陈述，这是具体向抽象迁移。数学中的抽象化与具体化尽管在知识的生长过程中是反方向发展的，但它们在对知识理解的作用上是相同的，都是为了正确解释知识，便于形成思维动作，提高数学翻译与表达水平。事实上，学习所获得的认识总是开始于感性直观，同时要通过分析、抽象对感性材料做筛选识别，抽取并概括出一定抽象的规定，从而超越感性的具体限制。反过来，进一步把事物中的各种规定按照它们在总体中的真实关系具体地结合起来，即从本质抽象走向"思维中的具体"。因此，学习不能满足于对抽象的概念、规则的理解和记忆，而要进一步深入把握其在具体问题中的复杂关系和具体变化。这为数学教学活动中发展学生的经验性思维提供了实践操作的思路和方法。

3. 数学经验性思维产生的动力

第一是思维的本能。思维作为人类认知活动的核心，具有天生的驱动力和自发性。在数学学习中，学生通过不断积累和运用已有的数学知识和经验，形成了一种稳定的思维模式和操作方式。这种思维模式是基于个体的学习历程和数学经验所形成的，具有本能般的自觉性和自发性。当学生面对新的数学问题或知识时，思维本能会自动启动，引导他们将已有的经验与新知识进行联系和运用，从而解决问题或理解新知识。

思维的本能驱使学生不断地探索、分析和思考，以理解并解决数学问题。这种本能性的思维活动使学生能够更加主动地参与数学学习过程，积极地应对各种数学挑战，并逐步提升自己的数学能力和水平。因此，思维的本能是数学经验性思维产生的重要动力，也是学生在数学学习中取得成功的关键因素之一。

第二是思维的概括。思维的概括是指个体在学习和实践中通过总结、归纳、抽象和概括，形成对事物、现象和规律的深刻理解和把握的能力。在数学学习中，学生通过对已有知识和经验的总结和归纳，形成了对一系列数学规律、定理和方法的概括性认识，从而构建起自己的思维框架和模式。

思维的概括使学生能够更好地理解和运用数学知识，更快地解决新问题和探索未知领域。通过将具体的数学问题和情境抽象为一般性的数学规律和原理，学生能够更深层次地理解数学的本质和内在联系，从而在解决问题时能够灵活运用各种数学方法和策略。

此外，思维的概括还能够帮助学生更好地理解数学知识之间的内在联系和相互作用，促进知识的互通和迁移。通过对不同数学领域、概念和方法的概括性理解，学生能够更好地将已有的数学知识应用于新的情境和问题，实现知识的跨领域应用和创新性发展。

因此，思维的概括是数学经验性思维产生的重要动力之一，它使学生能够更加深入地理解和掌握数学知识，提高解决数学问题的能力和创新性思维水平。

4. 数学教学活动中，提高学习经验水平的策略

第一，充分揭示知识内在的思维因素，暴露知识形成的思维环境，是数学学习中重要的一环。数学基本概念和命题作为数学的核心实体，承载了丰富的思维内涵和逻辑联系。掌握数学概念不仅是简单地记忆其定义和性质，更重要的是深入理解概念形成的原因、背景以及其在数学体系中的地位和作用。

了解数学概念形成的思维过程，能够帮助学生揭示数学知识的内在逻辑和发展规律。每一个数学概念的形成都有独特的历史背景和思维脉络，深入研究这些因素可以帮助学生更好地理解概念的内涵和意义。同时，通过暴露概念形成的思维环境，可以激发学生的学习兴趣和探索欲望，促进其主动地探究和思考数学知识。

将由数学概念演绎的数学方法纳入自己的经验体系，构建属于自己的知识系统，是数学学习的关键之一。掌握了数学概念，学生就能够更好地理解和运用数

学方法，解决各种数学问题。同时，通过将数学方法与实际问题相结合，学生能够更好地理解数学知识的应用和意义，提高数学学习的实效性和创造性。

因此，充分揭示知识内在的思维因素、暴露知识形成的思维环境，有助于学生深入理解和掌握数学知识，提高数学学习的质量和效果。

第二，充分揭示数学关系的内在思维因素，呈现抽象知识的特殊表现活动。数学命题和原理虽然在具体内容上各自独立，生成的环境也有所区别，但它们所表现的思维活动却是相似的。这种相似性体现在对问题的逻辑分析、推理过程和解决方法的应用上。

数学命题和原理所涉及的抽象概念和关系往往超出了日常生活的直觉认知范围，需要学生具备一定的逻辑思维和抽象推理能力才能理解和运用。因此，揭示数学关系的内在思维因素，就是要帮助学生了解问题背后的逻辑关系和规律，引导他们培养抽象思维和逻辑推理的能力。

在数学学习中，学生需要通过分析和理解数学命题和原理的内在逻辑关系，发展出解决问题的思维方式和方法。这种思维活动包括对问题的归纳、推断、证明和推理等，是数学学习中的核心内容。通过深入理解数学命题和原理所包含的思维活动，学生能够更好地掌握数学知识，提高解决问题能力。

总之，充分揭示数学关系的内在思维因素，呈现抽象知识的特殊表现活动，有助于学生深入理解数学的本质和内在规律，提高其数学思维能力和解决问题能力。

第三，充分揭示数学应用的思维价值，呈现真实的描画模拟活动，对于理解数学的实用性和意义有一定的作用。数学作为一门现实的抽象科学服务于实践，其应用在各个领域中都有显著作用。数学应用不仅是理论与实践的桥梁，更是数学描述实践活动的生动体现。

通过数学应用，我们能够看到数学在解决实际问题时所发挥的思维价值。数学应用不仅要求对数学理论和方法有深入理解，还需要将这些理论和方法灵活地应用于实际场景。这种过程往往需要学生进行模拟、描画、推理等思维活动，以解决实际问题并做出合理的预测。

数学应用的思维价值还体现在其对实践活动的真实描绘上。通过数学模型和计算方法，我们可以对真实世界中的复杂现象进行简化和描述，从而更好地理解和解释现实中的现象。数学应用不仅可以帮助我们理解自然界和社会现象的规律，还可以指导我们进行实践活动，提高我们对世界的认识和改造能力。

因此，充分揭示数学应用的思维价值，呈现真实的描画模拟活动，有助于学生深入理解数学的实际意义，提高他们的解决问题能力和应用数学知识的能力。这种思维价值也是数学教育中不可或缺的一部分。

（二）语言能力

思维是借助语言来实现的，从思维活动的产生、进行到结果都离不开语言。思维形式总是和语言形式相对应。语言所表述的对象是思维的结果，没有思维的加工，语言就会苍白无力，更不能形成判断。数学对象没有任何实物和能量的特征，人们之所以能够触摸到它，是通过语言和符号来间接地认识它的，通过语言来恢复它本来的面貌。学习数学要懂得数学语言，特别是数学的符号语言。

1. 数学语言的三个显著特点

一是抽象性。数学语言的一大特点是符号众多、公式繁多，体现了其抽象性。这种抽象性不仅反映了数学的发展和进步规律，也是数学思维能力的重要促进因素。数学符号的创造不仅是为了满足数学发现的需要，更是为了满足数学思维的抽象性需求。运用数学符号，能够更高度地概括和抽象数学规律与原理，从而促进数学知识的发展和应用。

二是精确性和简练性。数学语言的表达具有极高的精确性和简练性。数学语言受到严格的语言规则约束，其表达形式和含义之间存在唯一确定的对应关系，因此具有极高的精确性。另外，数学语言能够将冗长的自然语言和数学文字语言解放出来，以简明扼要的方式表述复杂的科学内容，体现了简练性。这种精确性和简练性使数学语言成为科学交流和研究的有效工具。

三是严密性和严谨性。数学语言结构严密、形式严谨，体现了其严密性和严谨性。数学语言所描述的对象明确，科学反映了数学理论知识，是逻辑性与严谨性的统一体现。数学语言在表达过程中注重逻辑推理，确保每一步推导都是合理严密的，从而保证了数学论证的严谨性。这种严密性和严谨性是数学语言区别于其他语言的重要特点，也是数学研究的基础和保障。

数学语言具有独特的特点和重要的作用。其一，学习数学需要理解数学语言的符号含义和各种语言之间的关系。其二，理解数学语言所表达的数学关系的意义对于正确的数学判断非常重要。其三，学生需要学会运用数学语言来描述和揭示数学问题的内在关系。

数学语言的这些特点使其成为一种强大的思维工具。数学符号的抽象性和严密性使它能够体现丰富的含义，并储存在长时记忆中，从而简化和加速思维的过程。数学语言还具有操作性，能够将推理转化为运算，使逻辑推理变得更加直观和可操作。这种可操作性对于数学思维的深入发展举足轻重。

正确地使用数学语言对于数学思维的发展很关键。数学语言是正确表达数学思维结果的关键，如果使用不当，就会影响思维结果的准确性。因此，培养学生良好的数学语言表达能力是数学教学的重要任务之一。通过训练，学生可以建立数学语感和经验性思维能力，为将来承载更多知识奠定坚实的基础。

在数学学习中，随着学习深入，概括性和抽象性的要求不断提高，对数学语言的应用要求也越来越高。因此，学生需要打好扎实的语言基础，以确保能够理解和掌握复杂的数学概念和关系。数学教学应该符合客观规律性，训练学生的语言时要有根据、有因果、有前提、有条件，反映学生逻辑思维的过程，从而促进他们的数学思维能力的全面发展。

2.加强培养学生语言能力的策略

第一，教师要做好示范。教师的语言行为直接影响学生的语言表达能力和思维方式。因此，教师应该成为学生的表率，通过良好的语言示范来引导学生。

首先，教师的语言应该准确、简明扼要、条理清晰、逻辑性强。学生具有很强的模仿力，他们往往会模仿教师的语言行为。因此，教师的语言应该是规范的、准确的，以此来帮助学生建立正确的数学语言表达能力。

其次，教师的语言应该与教材和学生的实际语言基础相一致。数学语言往往较为抽象和严谨，如果教师的语言脱离了教材内容和学生的实际水平，就会导致学生难以理解和接受。因此，教师应该根据教学内容和学生的实际水平，选择恰当的语言表达方式。

最后，教师的语言应该充分揭示和展示学习的过程，让学生通过多种感官参与认识过程。通过生动的语言描述和清晰的示范，教师可以帮助学生更好地理解和掌握学习内容，激发他们学习的兴趣和动力。

总的来说，教师的语言示范对于学生的语言发展和学习效果具有重要影响。

通过准确、简明、清晰的语言表达，与教材和学生实际相一致的语言选择，以及充分揭示学习过程的语言展示，教师可以有效地提高学生的数学语言水平和学习水平。

第二，教师要重视主体发现。教师在教学中应当重视学生的主体发现，让他们成为学习的主导者。为此，教师在教学过程中应营造有利于学生运用数学语言的环境。

首先，教师应给予学生充分应用数学语言的机会。学生应被鼓励在课堂上分享自己对学习内容的见解和理解，用自己的语言对数学问题进行分析和解释。学生在表达观点之前，会通过思维语言在大脑中进行系统的思考，思考如何将自己的想法清晰地表达出来。这种实践可以促进学生语言表达能力和思维能力的发展。

其次，教师应要求学生准确描述解答数学问题的思维过程，锻炼他们将思维与语言同构的能力。这意味着学生需要学会用清晰、准确的语言表达自己的思考过程，从而更好地理解和解决数学问题。通过这样的训练，学生可以提高逻辑思维能力和语言表达能力，从而更好地应对数学学习中的各种挑战。

总之，教师应该为学生提供丰富的用数学语言表达的机会，并要求他们准确描述解答数学问题的思维过程。这样做有助于培养学生的思维能力、语言表达能力及解决问题的能力，从而提高他们的数学学习水平。

第三，教师要发挥好范例的作用。范例作为学生接触数学语言的重要来源，通过对数学概念的展示，为学生提供了应用数学语言的示范。然而，仅凭直接思维是较难理解范例的，学生需要通过范例的结构间接地唤起原有的经验才能获得认识。因此，范例是培养学生语言能力的极好工具。

首先，教师应引导学生细读范例，并在教学过程中帮助他们实现条件语言和结论语言的对接。这意味着学生需要理解范例中所包含的数学概念，并将其与已学过的知识进行联系，从而加深对数学语言的理解。

其次，教师应有意识地让学生发现范例所提供的语言信息，并引导他们学会分解、组合和运用这些信息。通过这样的练习，学生可以更好地理解和掌握数学语言的运用方法。

最后，学生应对整理好的语言信息进行反馈，教师则可以根据学生的反馈进行适当的修补和完善。这样的反馈机制有助于学生更好地理解和应用数学语言，进而提高数学学习水平。因此，教师应充分利用范例，在教学中引导学生理解范例所呈现的数学语言，并通过细致的指导和反馈帮助学生掌握数学语言的运用方法，从而提高他们的数学学习效果。

语言是交流的工具，是正常人用来进行思考的武器，掌握了语言的人都会用语言来概述问题。没有语言，人与人的相互了解和交流就无法进行。语言是思维的灵魂，思维活动的结果、认识活动的规定都是用词和词组成的句子表达出来并巩固下来，成为人类宝贵的物质财富，所以语言也是承传知识的重要载体。不懂或不了解语言的表达形式，就没有办法学习知识、认识知识。数学语言是传承数学知识与进行数学对话的工具，没有基本的数学语言基础，就相当于与数学知识形同陌路，互不认识。数学语言不等同于自然语言，它是数学抽象与具体数学对象的统一。自然语言表达的方式一般是陈述性的，即对某事或某现象进行说明性的解释或提问，有时也是最简单的判断，而数学语言是明确的判断。为了提高学生的数学能力，应有效地提高学生数学语言的阅读、表达和应用能力。

3.加强学生培养语言能力的两种基本方法

第一，给学生创造用数学语言交流的环境。这个环境可以是课堂内的活动，也可以是课外组织交流。一般来说，在课堂上组织数学语言的交流，效果更好。这是因为课堂是正常的学习时间，而且在课堂活动中使用数学语言也是十分规范的。

在课堂上，教师可以设计各种活动，鼓励学生运用数学语言进行交流和讨论。例如，组织小组讨论、问题解答、案例分析等活动，让学生有机会在交流中表达自己的数学思想和见解。通过这样的活动，学生不仅能够提高自己的数学语言表达能力，还能够从他人的思维中获得启发，促进思维的碰撞和交流。

此外，在课外也可以组织一些数学交流活动，例如数学讨论组、数学竞赛、数学社团等。这些活动可以为学生提供更多展示和交流数学语言的机会，丰富他们的数学学习体验，培养他们的团队合作精神和创新能力。

总之，为学生创造使用数学语言交流的环境，可以有效促进他们的数学学习水平和思维能力的提高。通过在课堂内外的各种活动中进行交流，学生能够更好地理解和应用数学知识，提高数学学习的效果。

第二，强化学生的动作效果。我们可以先看看人的肢体与心理对数学学习的关系。动作指心理动作和肢体动作。心理动作是知觉的反应，当人关注某个对象或现象时，会引起知觉的感应，从而引起心理动作，产生力求弄明白这个对象或现象的愿望，并指挥大脑发布对肢体动作的命令。这一过程是引起动作的过程。动作对于训练语言控制能力极为重要。

首先，思维语言要通过心理动作传递给肢体动作，肢体动作把思维语言的结果表达出来，表达的过程是语言转换的过程，即思维的内部语言转化为外部语言。外部语言是思维的外壳，是反映思维结果的间接工具。前面说的给学生创造语言表达的环境，其实是为语言的转移服务的。转移得是否准确，那就是内部语言与外部语言对接的问题了。所以，学生语言表达得不完整或不完全正确，有时并不反映学生内部语言存在某些问题，可能是语言转移出现了偏差，或语言翻译出现了偏离。

其次，肢体动作的结果又作为视觉的对象引起心理反应，形成第二次心理动作。这时的心理动作对肢体动作的结果进行识别和鉴定，如果二者相符表明动作结束；否则，就会进行第二次动作转换，直到肢体动作与心理动作完全一致为止。如前所述，学生能够表达思维的结果，就等于内部动作和外部动作协调一致吗？其实这与支撑心理动作的基础或过去的经验积累有关，如果过去的基础不扎实、知识结构不合理、知识体系有漏洞，将会导致心理动作失真。学生外部动作是实体动作，看得见、摸得着；而心理动作是虚体动作，无法观察和检验。由于内部动作与外部动作是互动的，不会存在分离的可能，所以加强外部动作的训练，也就能强化内部动作的训练，使心理动作达到稳定而真实的效果，形成良好的逻辑思维体系，以增长智力。教学活动中，教师要让学生多动手、多动口，促进学生语言动作的成熟与发展，提高学生的语言转换和语言表达能力。

最后，再看看学生重视数学语言学习的态度。学生数学语言不过关，在一定程度上是学生对语言的学习不太重视。把数学语言的学习与自然语言的学习等同起来，认为学习知识比掌握语言重要得多。数学教学中，教师要认真强调数学语言作用的重要性，教育学生学好数学应当掌握好数学语言；除了重视语言学习，在规范使用数学语言方面也应严格要求。

一是使用数学语言必须严格准确。因为在学习活动中，学生往往对语言的应用缺乏持久性，或是思考不认真，或是表述不规范，或是逻辑缺乏严谨、推理缺乏根据。学生特别容易忽视次要的语言信息，即使有时表达毛病是明显的，也不认真更正。这些都是不注意严格准确地使用数学语言所导致的后果。

二是严格训练学生思维语言与表达语言的一致性。数学语言能力在于思维语言与表达语言的互译能力，也就是在解决问题时，思维要对问题的信息进行语言翻译，经过加工找到问题的解答；思维又将解答的语言传送给肢体动作做出对价表达，最终形成问题的解答。

三是严格规范训练学生使用数学语言。数学语言的产生是一种科学的"约定"，在数学实践活动中，这种"约定"就是规范，要学习这种规范并严格遵循，否则就会出现混乱和错误。为了使学生更好地掌握数学语言，教师还应该重视指导学生阅读教材，以养成良好的读书习惯。因为教材语言是规范的、严谨的，而且教材是对教学的支持和检验，所以阅读教材有利于促进学生学习能力的提高。一旦这种能力成为学生的个性特征，它将迁移到数学学习的各种场合，在更广泛的范围内发挥作用。

在教学中，要帮助学生形成开阔的视野，了解数学对于人类发展的应用价值。在知识实践、能力培养的基础上，教师应主动地向学生展示现实生活中的数学信息和数学的广泛应用，为学生提供丰富的阅读材料，让学生感受到现实生活与数学知识是密切相关的且处处与语言有必然联系。

总之，在培养学生语言能力方面，教师应不断追求提高自身的语言素养，通过教师语言的示范作用，对学生初步逻辑思维能力与严密语言表达能力产生良好的影响。学生要坚持主动接触来自教材、教师、课堂呈现的语言环境，并参与讨论、解释和表达，通过教师、教材、课堂的耳濡目染，就会慢慢形成严密的语言逻辑，也会大大提高数学思维能力。

（三）推理能力

推理是一种思维过程，指由一个或几个已知的判断（前提）推导出一个未知的结论。这是人类在认识过程中利用已知或经验来寻找和发现未知结论的一种思维形式。推理是研究人的思维形式及其规律的过程，也是一些简单的逻辑方法的程序。推理的形式是人在进行思维活动时对特定对象进行分析、综合的思维形式。

推理的客观规律是形式逻辑，至少包含两个命题的命题组，并且命题组中的命题在真假关系方面有确定的逻辑关系。推理的思维形式是舍去了推理的内容而存在的，两个推理可以内容不同但形式相同。换句话说，推理形式是用概念组成判断，用判断确定逻辑关系所进行的思维过程。

推理的作用是根据已知的知识得到未知的知识，尤其是可以得到不可能通过感觉经验掌握的未知知识。然而，实际过程中的推理并不一定都是正确的，因此需要遵循一些原则，如真实可靠的前提和合乎逻辑规则。推理的形式主要有演绎推理和归纳推理。演绎推理是从一般规律出发，运用逻辑证明或数学运算，得出特殊事实应遵循的规律，即从一般到特殊；而归纳推理则是从许多个别的事物中概括出一般性概念、原则或结论，即从特殊到一般。

数学推理是指借助数学概念、定理等组成判断，利用数学逻辑工具确定数学关系并进行数学活动的思维过程。由于数学推理的前提可靠且推理过程严密，因此得到的结论或结果通常是正确的。在数学活动实践中所使用的逻辑方法通常都是基本的和简单的。

简单的逻辑方法是指在认识数学问题结构的简单性质和关系的过程中，运用与思维形式相关的一些逻辑工具和方法。通过这些工具和方法，我们可以形成明确的概念，做出恰当的判断并进行合乎逻辑的推理。例如，数学中的等价转化推理就是一种常见的合乎逻辑的推理方法。通过等价转化，可以将一个未知解的问题转化为在已有知识范围内可解的问题。

分类讨论也是一种常见的推理思维方法。在解答某些数学问题时，有时会遇到多种情况，需要对各种情况进行分类并逐类求解，然后综合得出解决方案。这种方法体现了化整为零、积零为整的思想和归类整理的方法。分类讨论思想的数学问题具有明显的逻辑性、综合性和探索性，能够培养人的思维条理性和概括性，因此在数学解题中占有重要地位。

要培养学生的数学思维能力，就必须重视对他们数学推理能力的培养。这意味着教师需要引导学生运用逻辑方法进行推理，训练他们分类思维和归纳推理的能力，以帮助他们更好地理解和解决数学问题。

1. 数学推理能力的转化

数学推理能力也是一种操作技术能力，反映了数学关系和思维语言的转化能力，这种转化有三层含义。

（1）化未知为已知的变换推理思维

我国北宋数学家沈括在《梦溪笔谈》中所说的"见简即用，见繁即变，不胶一法"阐明了化繁为简的原则，体现了变换的思想。他应用这一思想创立了"隙积术"，即高阶等差级数的求和法。他的"会圆术"的思想方法就是分析与综合法。变换推理思维在数学逻辑规则中常用。在分析和解决实际数学问题的过程中，需要将自然普通语言翻译成数学语言，这是语言之间的一种转换。推理在符号系统内部实施的转换，就是所说的恒等变形。消去法、换元法、数形结合法、求值、求范围问题等都体现了对价转换思想，更常用的是在函数、方程、不等式之间进行对价转换。可以说，对价转换是将恒等变形在代数式方面的形式变化上升到保持命题的真假不变的真实转换。由于其具有多样性和灵活性，转换推理要合理地设计好转换的途径和方法，避免生搬硬套。在数学操作中实施对价转换时，要遵循熟悉化、简单化、直观化、标准化的原则，即把遇到的问题通过转换变成比较熟悉的问题来处理，或者将较为烦琐、复杂的问题变成比较明晰、简单的问题。在应用对价转换的推理方法解决数学问题时，没有统一的模式。它可以在数与数、形与形、数与形之间进行转换，可以在宏观上进行对价转换，比如从超越式到代数式、从无理式到有理式、从分式到整式等；或者把比较难以解决、比较抽象的问题转换为比较方便、直观的问题，以便准确把握问题的求解过程或求证过程，比如数形结合法，或者将非标准型转换为标准型。按照这些原则进行数学操作，转换过程省时省力，有如顺水推舟。教学时经常渗透对价转换的推理思想，可以提高学生解题的水平和能力。

（2）由条件向结论转化寻找辅助量的推理思维

数学家笛卡尔把直觉和判断看作科学的求知之道，认为一个数学问题的推导就像一条结论的链、一列相继的步骤序列。有效地推导需要的是在每一步上具有精准直觉的洞察力，第一步所得的结论明显地来自前面已得的知识。笛卡尔肯定了直觉在数学论证上的重要性，关于我们所研究的对象，我们不应该寻求别人的意见或者我们自己的猜测，而仅是寻求清楚而明白的直觉所能看到的东西，以及根据确实的资料做出的判断，舍此而外，别无求知之道。

在数学推理过程中，想法和表达的思维方向是不一致的，思维发端于已知问题呈现的信息，但这些信息对解决问题没有直接的用途。虽然如此，但这些信息可以启发思路，提出一个过渡问题，如果解决了这个过渡问题，就意味着解决了已知问题，显然这个过渡问题就是波利亚所讲的"辅助问题"。依据这个思想，一个个辅助问题被提了出来，从辅助问题提出的顺序来看，最后一个辅助问题是最容易解决的，但这个辅助问题离已知问题的距离是最远的。这就是说，离已知问题较近的辅助问题是较难解决的，需要过渡问题帮忙。这表明，在数学推理中，发现解法永远都离不开问题的提出，这些问题依次发生因果关系，前一个问题是后一个问题的条件，后一个问题是前一个问题的结果；而且每提出一个问题，它总是离目标问题越来越远（为了有利于寻找解的结果所做的翻译），而离解的结果就越来越近，这种现象在数学推理中称为推理的反变现象。

（3）由前提追索目标的联想推理思维

联想思维对数学推理具有重要作用：其一，运用联想思维，使一些数学问题由繁变简；其二，运用联想思维，使一些数学问题由表及里；其三，运用联想思维，使一些数学问题由难及易；其四，运用联想思维，使一些数学问题由阻变通。联想思维由有意识思维牵动无意识思维发挥作用。思维是整个大脑的功能，特别是大脑皮层的功能。大脑皮层额叶负责编制行为的程序，调节和控制人们的行为和心理过程；同时，还要将行为的结果与最初的目的进行对照，以保证活动的完成。近年来，研究还发现大脑右半球在推理中起着重要作用。潜意识来自大脑右半球，其思维是主体不自觉的、由思维意识指挥的思维形式。潜意识思维也被称为无意识思维、被动性思维，它是各种生物普遍具有的原始思维方式，是生物的思维组织或准思维组织中发生和进行的生化变化。它不但遵循生物主体具有的生存意识规律，而且遵循人类已知和未知的物理学、化学和光学的规律。数学潜意识思维遵循这种思维意识的规律，数学内部的矛盾和规律对思维主体的刺激和影响是数学潜意识思维发生的外部原因。主体对数学语言、符号的感知，对数学关系的印迹是数学潜意识思维产生的内部原因。在数学问题对思维主体的作用和影响激活了数学感知细胞后，思维消除客体影响的目的立刻就会被确立，于是由潜在思维意识指挥的、由感知印迹主导的潜意识思维就产生了，并产生了对主体意识思维的促进而转化为指挥思维动作的有意识思维。

任何推理都是由前提和结论组成的，前提是推理中所依据的命题，结论是推理中所得出的命题。由于推理是由一个或几个命题得出一个新命题的思维形式，所以人们可以运用推理，从已有的知识得到新的知识，根据已有的规律发现新的规律。因此，正确的推理是由已知走向未知的方法，是获得新知识的重要手段。在数学中，推理也是证明的工具，离开推理，无论怎样简单的命题都是无法加以证明的。

数学推理的经验性思维是客观存在的。随着知识量的增加，认识系统就会形成许多实物体，每一个实物体既包含知识和知识的再生，又包含符号、符号的意义和这些符号在推理中的背景。这些实物体也反映了数学及其模式的应用。

2. 数学推理思维模式

数学推理思维模式是指在解决数学问题过程中，人们运用逻辑、分析、推理等思维方式，根据已知条件和数学原理，推导出未知结论的一种思维方式。这种思维模式在数学领域中起着重要作用，是培养学生数学思维能力的关键。

数学推理思维模式通常包括以下六个关键要素：

（1）理解问题

数学推理思维模式的第一步是理解问题。这包括确定问题的关键要素、条件和目标，以及理解问题背后的数学概念和原理。

（2）分析问题

接下来，进行问题的分析。这包括对问题进行归纳、分类、概括等操作，以找出问题的本质特征和解决方案的线索。

（3）建立数学模型

在理解和分析问题的基础上，建立数学模型是解决问题的关键步骤。这涉及将问题转化为数学符号和表达式，以便做进一步的推理和计算。

（4）推导和演绎

在建立数学模型后，要进行推导和演绎，这是数学推理思维模式的核心环节。这包括根据已知条件和数学原理，运用逻辑推理和数学运算，从而推导出未知结论或解决问题。

（5）验证和检验

推导出结论后，需要对结果进行验证和检验，确保结果的准确性和可靠性。这涉及对解答过程进行逆向推导、反证等，以确保结果的正确性。

（6）总结和归纳

总结和归纳是数学推理思维模式的收尾工作。这包括对解答过程和结果进行总结和归纳，从中提炼出解决问题的思路和方法，以便在类似问题中应用。

总的来说，数学推理思维模式是一种以逻辑推理为核心，结合数学方法和策略，解决数学问题的思维模式。通过培养学生的数学推理思维能力，可以帮助他们更好地理解数学概念，提高解决问题的能力，培养逻辑思维和创新能力，为未来的学习和工作奠定坚实基础。

二、操作思维在数学学习中的应用

操作思维是复杂心理活动的一种动作心理，它是内外动作相互支持在直接行为上的反应，操作思维过程是双重动作在时间上的延续。操作思维是学生学习数学的一种重要思维形式，努力运用一切条件去实现更佳动作效果的可能性就称为操作思维能力。

操作思维能力是由动作效果体现的，为了达到数学活动的目的，往往需要选择某些或某个行为动作，由其内化转为智力动作并形成思维语言，再通过心理动作的外化转为直接的数学语言。这种动作效果需要有数学基础知识，更需要有操作方法的支撑。

掌握数学知识最重要的是要学会数学推理。推理是由一个或几个命题推出一个新命题的思维形式。如果把数学逻辑结构中的各种关系都看作命题，那么数学本身就是由最初的命题或是"思想上的规定"依附一定的逻辑关系演绎而成的。于是，由一个或几个命题推出一个新的命题就是数学操作中的一个或几个动作。掌握数学知识也意味着会解决数学问题，数学问题相当于一个小"数学"，因此它也是由一个或多个命题组成的。解决问题就是按一定的逻辑要求把一个个动作联结起来，解决问题本质上也是数学推理，是数学操作的一个具体实践。

在数学中能执行操作的智力动作有比较、分析与综合、归纳与演绎、特殊化与一般化等。

（一）比较

比较是人类思维活动的鼻祖，也是人类意识能动性的基础，它的产生是基于事物的相关性与差异性。比较认识的状态就是一种思维形态，人们在比较中认识事物的不同点与相同点的方法就是比较思维方法。比较思维方法存在于一切思维活动中。

比较思维是根据一定的需要和一定的规则把彼此有一定联系的人物、事物、事实或事理加以对照，把它们的活动规律与人的思维经验联系起来，通过分析和归纳，找出其相似性、不同点，并由此判断和厘定人物、事物、事实或事理、处理问题的思维方法。所以比较思维有以下特点。

第一，比较具有可选择性。这主要体现在可比较的内容上。比较时，人可以根据自己的需要，自主地、有针对性地选择比较的内容，选择好内容后才能进行分析与总结。由于比较具有可选择性，使客观世界变得鲜活起来，从而促进了人的思维活跃，增强了人认识客观事物的效果。

第二，比较具有广泛性。由于事物的广博性与思维的多方向、多领域性，增加了人们对各种事物认识难度，而比较是思维活动的添加剂，能帮助人们确定思维方向并增强思维效率。比较无处不在，只要是思维能够涉及的领域，比较就会随之而行。这说明比较具有多样性，即比较种类的多样性、比较视角的多样性和比较内容的多样性。这样人们可以根据作用、目的的不同，从不同层面、不同方向做出比较，从而提高分析综合水平。但比较思维方法不是固定不变的，它会随着认识的强化而发生变化，它是一种发展的思维方法。

第三，比较具有兼容性。比较思维方法能吸收其他的认识方法并为其所用。例如，分析和综合在经验性思维水平上的统一就表现在比较中，特殊化与一般化、归纳与演绎等都可以运用到比较思维的分析操作中。比较也是所有抽象和概括的必要条件。可见，兼容性是比较思维方法活力的来源，体现了其顽强的生命力。

比较是一种智力动作，通过比较从物体和现象中分出单独特征，找到它们共同的或不同的特征，即根据事物的共同性与差异性对其进行分类，将具有相同属性的事物归入同一类，具有不同属性的事物归入不同的类。由此可见，比较是从对比或对照物体和现象开始的，也就是从综合开始的。通过这种综合性动作，对被比较客体进行分析，找出它们的异同并进行分类。分类是比较的后继过程。通过分类将共同的对象统一起来，也就是将客体又综合起来，这样就产生了概括。分类要选择好标准，标准选择得好有利于发现重要规律。

比较有两种基本形式，即类比和对比。类比是将一系列事物对象中具有共同特征的对象分出来，这是肯定抽象的智力动作；对比是在一系列事物对象中进行特征对照，将特征相对立的揭示出来，这是否定抽象的智力动作。

数学中的比较是多方面的，包括数学概念的比较、数量关系的比较、形式结构的比较、数学性质的比较及数学方法选择的比较等。数学对象的差异性和同一性是进行比较的客观基础。比较数学对象的差异性，可以区别数学对象；比较数学对象的同一性，可以认识数学对象间的联系；比较数学方法的适应性，可以强化数学应用技能。

（二）分析与综合

从逻辑思维关系上看，分析方法是在思想上和实际中将对象、对象的特征、对象间的相互关系分解为各个部分、各个因素分别加以考虑的逻辑方法。而综合方法是指在思想上把事物对象的各个部分、各个因素结合成一个统一体加以考虑的逻辑方法。从思维对象的因果关系上看，分析方法是在思想中执果索因，语句表达是把肯定语气变成假定语气；综合方法是在思想中由因导果，语句形式是"关系三段论"。从思维对象所满足的标准上看，分析方法是从结论追索到已知事实，应当满足客观对象有唯一明确的终点状态和每步推理存在可逆推理的条件；综合方法是从已知事实逼近结论目标，也必须满足用于推理的前提是真实的和每步推理是允许推理的。

从分析方法与综合方法各自的出发点和思维运动的方向看，虽然二者是相反的、对立的方法，但它们在整个认识过程中的关系又是辩证统一的。首先，分析是综合的基础，没有分析，认识就不能深入、具体、精细，就不能把对象的各部分弄清楚，就不能正确把握各部分之间的联系。只有弄清了每部分的意义，才能了解整体上所包含的内容。其次，综合是分析的前提，对整体如果没有初步的综合，分析就不充分，甚至是盲目的。只有分析，没有综合，就会使认识囿于枝节之见，就难以统观全局、把握整体。最后，分析与综合在一定条件下可以互相转化。人的认识往往是从现象到本质、由低级本领向高级本领不断深化的过程。在这个过程中，从感性具体到理性抽象，从现象深入本质，从无序到形成有序，均以分析为主要特征。对各部分有了对本质的体验之后，就要用这个本质来说明现象或把分析的结果组合起来，在思想中形成一个完整的图式；在此基础上，可以提出假设和猜想，这个过程是以综合为主要特征的。由分析上升到综合后，当新的事实与原有理论发生矛盾时，认识必然又在新的层次上转化为分析，通过新的分析达成新的综合。因此，人的认识总是在分析与综合过程中不断深化和完善的。由此可知，对事物的认识既不能任性分析、一意向前追溯认识的"终端"，也不能任性综合、一意向后推寻认识的结果，要合理把握分析与综合的契机，捕捉适合运用的信息。

数学新概念的形成是对数学事实进行比较分析、综合概括的结果，比较分析是为了发现本质属性，综合概括是对本质属性的语言表述。

数学新概念问题一般具有两个特征：一是已知关系或对知识本身的提出不是以已知熟悉的形式，这些知识或关系往往都被符号语言掩盖，或通过知识移植后抹杀了其具体性；二是在叙述方式上提高了文字语言的理解难度，而且在知识的结合上也有较大的跨度。

数学新概念问题的解答也需要进行两个方向的研究。一是分析条件及其关系，分析结论或未知存在的形态，引出某些联想，这就是构思。构思，即表明解题计划已经开始运筹。这个计划实际上是倒退制订的，这就是分析问题所固有的思维格式。一般来说，因分析目标引出的联想产生构思是自然的，是大脑思考问题时产生的行动念头。倒退制订计划是解题的一种有意义的活动。然而，倒退制订计划有时也会遇到难以解决的问题，于是也需要辅之以顺着的思考，这样交替着从两端去推，就在某个中间地带建立问题间的某个希望的联系。但也许这种联系的希望不大，即便如此，也可以从中受到某些启示，为倒退着思考问题提供寻找有希望的联系的手段和途径。总之，当倒退着思考遇到障碍时，不要过早地限定自己，不要过死地把自己限制在一条路上，或重新倒退着思考，或借助顺着思考的帮助尽快完成解题计划。二是在倒退计划制订后，就要沿着与计划相反的方向前进着实施计划，即用综合的方法把思维过程表达出来。当倒退着制订计划的工作已经成功，展布在鸿沟上的逻辑网络已臻完善，情况就很不同了，这时我们就有了一个从已知量到未知量的从前往后推的程序。分析与综合方法在解题中的应用，反映了制订计划与实施计划这种反变现象的客观存在。

（三）归纳与演绎

归纳方法是指通过个别事实分析去引出普遍结论的逻辑方法。由于普遍是由大量特殊组成的，因此通过由特殊寻找或发现一般规律是归纳方法的基本核心。归纳方法按照它的概括对象的范围或性质可分为完全归纳法、不完全归纳法和因果联系归纳法。完全归纳法是在前提判断中，已对结论的判断范围全部做出了判断，具有确凿可靠性；不完全归纳法是从部分推广到全体，归纳的结论具有不可控成分，但它是强有力的"发现"的基础；因果联系归纳法是通过对事物对象的因果分析，推出该类事物中所有对象都具有某一属性。

演绎方法在思维方向上与归纳方法正好相反。它是从一般到个别的认识方法，即从已知的一般原理出发来考察某一特殊的现象，并判断有关这个对象的属性的方法。演绎方法是构造科学时所用的方法中最完善的一个，它在很大程度上消除了误差和模糊不清之处，而不会陷入无穷倒退。由于这个方法，对于一个给定的定理的概念的内容和定理的真实性提出怀疑的理由大为减少。演绎方法的作用体现在两个方面：首先，它的科学的推理无懈可击。数学学习中，根据已知事实（公理、定理、定义、公式、性质）去论证或推出一个真实的结论就是演绎方法的意义。其次，它可以发现已有认识中的错误，是对理论揭示的逻辑检验，是揭露错误理论存在的内在矛盾的重要工具。

在数学学习中，练习、解题等训练活动往往运用演绎方法。教师应该重视演绎方法，尤其要重视用演绎法检验学习中、解题中是否存在逻辑错误。在数学中，完全归纳法与演绎法作为似真推理，是数学论证和表达的主要方法；不完全归纳法虽是似真推理，但个性中包含着共性，特殊中孕育着一般，按照对象的构成去观察归纳，可以形成探索性的观点，一旦这种观点达成，就可获得一种可以预见性的成功感。如果没有不完全归纳的初步概括，人们就无法形成抽象的科学结论，因此它在数学创造中起重要作用。

归纳方法与演绎方法作为一种完整的数学逻辑方法相互依存，彼此间存在辩证统一的关系。一方面，归纳方法是演绎的基础，演绎的出发点正是归纳的结果，欧氏几何体系的初始原理就是人类长期实践归纳的产物；另一方面，归纳离不开演绎，演绎是归纳的来源之一，又指导和补充归纳，归纳概括出某种共同的特征时也需要演绎的充分配合。这就是说，在由特殊到一般的过程中，由归纳获得初步概括，再由演绎获得新的层次上的归纳，依层上升达到归纳的目的。因此，归纳与演绎互为条件并相互转化，归纳出来的结论可以转化为演绎的前提，演绎的结论又可指导和验证归纳。

　　用归纳推理解答问题的方法是归纳方法。其特点是，从包含在论据中的个别、特殊场合下的事理，推出包含在论题中的一般原理。例如，正弦定理的证明，就是从三角形是具体的锐角、钝角和直角三角形的归纳中获得的一般概念，即三角形的各边与它对角的正弦的比值相等，并且等于这个三角形外接圆的直径；等差、等比数列的通项的推导也是归纳推理的结果。

　　用演绎推理解答问题的方法是演绎方法。其特点是，被引用为论据的是一般原理，而论题是特殊场合下该原理的某种表现形式。因此，使用演绎方法要注意把一般原理正确地、恰当地应用到特殊场合。由于数学是演绎发展的结构，大量的问题都是由演绎推理形成的，所以掌握数学能力就意味着要掌握演绎的方法。

　　归纳方法是由具体、特殊、个别到一般的推理方法，在归纳过程中，演绎方法起重要的作用。例如，正弦定理的证明应用了归纳的方法，但每一步归纳的过程都需要演绎方法进行推理。没有演绎，归纳就不可能连续；同样，没有演绎，归纳结果的真实性也值得怀疑。数学教学中，教师要教会学生归纳的方法，同时也要让学生明白，演绎方法在归纳中是不可或缺的。

（四）特殊化与一般化

　　特殊化方法是指从一般上升到具体的逻辑方法。它的基本形式有两种：一是以简单情形看待数学问题。当一个问题看不清楚时，就要把问题简化一下，简化问题或退一步看问题，都是为了看清问题，善于将问题退到简单情形可以为探索研究途径提供线索和积累经验，并找到解决问题的突破口。二是以特殊情形看待数学问题，即从众多已知信息中考虑极端的情形，着眼于某种数量达到极端值的对象或某种图形达到极端性的对象并把数值的极端性质或图形的极端性质作为分析问题的出发点，进而达到解决问题的目的。

　　简单情形和极端情形是特殊化方法的两个方面，尽管它们都是为了简化问题的难度，但它们是有区别的。简单情形是把复杂问题退化到能入手的情形，然后对其逐级论证，并通过研究退化问题的启示，发现解决问题的途径。极端情形是对问题特殊性质的研究，这个特殊性质并不表示一个简单的问题，它代表问题结构中稳定的不变的特点，利用这一特点可以使问题的全部结构明朗化，因而可一举突破问题的"防线"，获得并非验证性的成功。

一般化方法是指从特殊到一般的逻辑方法，是对具体的抽象概括的过程。数学理论的相对完备性正体现了它的概括性和一般性，高度的抽象是一般化的本质特征。纯数学的对象是现实世界的空间形式和数量关系，所以是非常现实的材料。这些材料以极度抽象的形式出现，这只能在表面上掩盖它起源于外部世界的事实。但是为了能够从纯粹的状态中研究这些形式和关系，必须使它们完全脱离自己的内容，把内容作为无关紧要的东西。数学一般化的过程有的是建立在对真实事物的直接抽象程度上，有的则是建立在间接的抽象之上。在某些情形下，数学概念及其原理与真实世界的距离可能相去甚远，以致被看作"思维的创造物和想象物"。

特殊化方法与一般化方法是一对辩证关系的反映。这是因为数学本身是具体化与抽象化辩证统一的结果，概念原理从数学内部理论来说要从具体到抽象，从数学外部反馈来说要从抽象到具体，即一方面需要更高的抽象和统一，另一方面需要更广泛的具体。从数学问题编制的角度来看，需要体现问题的一般性，以利于受试者获得较深刻的认识；而受试者又必须把抽象化为具体，以利于弄清楚数学问题内部的结构、性质，启发解题思路。从抽象回到具体是数学教学与学习的重要过程。学习任何一个数学概念、原理，都需要使它回到直观的实际，这就是具体化。如果没有具体化过程，高度抽象的数学理论就难以说清楚。从抽象回到具体，是一个辩证的思维过程。抽象不是空洞的幻想，而是对客观事物某一方面本质的概括的反映。数学实际是抽象上升运动的可靠基础。从抽象上升到具体的每一步过程，都应时时同事实相对照，并不断由实践检验。数学正是由于与实际紧密结合才焕发出灿烂的光彩，才具有强大的生命力。

在数学逻辑思维方法中，综合、演绎、一般化思维是抽象思维的表现形式，它们都是运用思维的力量，从对象中抽取本质的属性而抛开其他非本质的东西。分析、归纳、特殊化思维是概括思维的具体表现形式，它们都是在思维中从单独对象的属性推广到这一类事物的全体的思维方法。抽象与概括和分析与综合一样，也是相互联系、不可分割的。数学中的比较思维是一种特殊的思维形式，它既有逻辑思维的一面，又有形象思维的一面，形象因素产生比较，推理因素遵循逻辑，在数学逻辑思维中，抽象数学思维既不同于以动作为支柱的动作思维，也不同于以表象为凭借的形象思维，它已摆脱了对感性材料的依赖，把确定的已知经验作为直接的感性材料，凭借思维的力量分析和解决数学问题。因此，抽象数学思维一般分为经验型与理论型两种。前者是在数学实践活动的基础上，以实际经验为直观依据来形成概念或关系，并进行判断和数学推理。例如，在有一定数学基础后，应用数学知识解决实际数学问题，就是运用了数学经验。后者是以理论为依据，运用科学的概念、原理、定律、公式等进行判断和推理。科学家和理论工作者的思维多属于这种类型。经验型的思维由于常常局限于狭隘的经验，因而其抽象水平较低。但是，学生进行的是承接前人经验财富的学习，形成和强化经验型思维是十分有必要的。

三、形象思维在数学学习中的应用

形象是指人脑对事物的印象。数学形象是指数学中的各种图示（包括图像和解析式子）以物化的形式反映在人脑中的印象。因此，数学形象思维就是对数学形象的认识，并对其进行加工形成新的形象的方法。形象思维主要是用直观形象和表象解决问题的思维，其特点是具有形象性、完整性和跳跃性。形象思维过程是用表象来进行分析、综合、抽象、概括的过程。当人利用自己已有的表象解决问题或借助表象进行联想、想象、抽象、概括构成一副新形象时，就形成了形象思维。运用形象思维往往对问题的答案能做出合理的猜测、设想或顿悟，因此形象思维也是一种跃进性思维。数学形象思维不仅以具体知识形象为材料，而且离不开鲜明生动的数学语言。数学形象思维主要凭借对数学对象的具体形象或表象的联想和借助鲜明生动的数学语言表征，以形成具体的形象或表象来解决数学问题，其主要心理成分是联想、直觉、想象和模拟。符号言语的思维是典型的数学形象思维，它是在大量符号表象的基础上，通过分析、综合、抽象、概括创造新形象。

现代脑科学研究证明，形象思维是由大脑右半球控制的。一般来说，人脑左半球主要具有言语符号、分析、逻辑推理、计算、数字等抽象思维的功能，右半球主要具有非言语的、综合的、形象的、空间位置的、音乐的等形象思维的功能。由此认为，左半球是抽象思维中枢，右半球是形象思维中枢。左脑具有分析、运算等信息处理功能，是收敛性的思考方式；右脑则具有平面、空间的信息处理功能，是发散性的思考方式。所以，形象思维并不总是与语词紧密联系，也

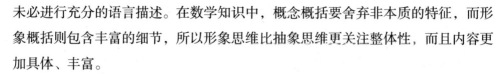

未必进行充分的语言描述。在数学知识中，概念概括要舍弃非本质的特征，而形象概括则包含丰富的细节，所以形象思维比抽象思维更关注整体性，而且内容更加具体、丰富。

（一）形象思维方法

形象是一种直观的知觉，产生形象的感觉是观察。由事物形象的特征、形状，让大脑产生对形象的认识，形成形象的思维状态。这种状态包括联想、想象、模拟等。

1. 联想思维方法

联想思维是一种重要的思维方式，它指的是通过将一个事物或概念与另一个事物或概念联系起来，从而产生新的理解、见解或创意。联想思维方法强调通过寻找事物之间的关联性和相似性，来推动思维的发散和创造。在日常生活和学习中，联想思维方法被广泛运用，不仅有助于解决问题，还能激发创造力和想象力，提高思维的灵活性和创造力。

第一，联想思维方法强调开放性和自由性。与传统的逻辑思维不同，联想思维方法不受束缚，允许思维跳跃和自由联想。通过将看似不相关的事物或概念联系起来，可以产生新的思维路径和见解，帮助人们从新的角度思考问题，找到创新的解决方案。

第二，联想思维方法注重创造性和想象力。通过联想思维，人们可以将已有的经验、知识和观念进行重新组合和重构，产生新的想法和创意。联想思维方法可以激发人们的想象力，帮助他们突破传统思维模式的限制，创造出新颖的理念和发明。

第三，联想思维方法强调灵活性和多样性。在联想思维过程中，人们可以采用各种不同的联想方式，例如类比联想、随机联想、视觉联想等，以及结合感官、情感和直觉等多种思维方式。这种多样性的思维方式可以帮助人们在解决问题和创造新思维时更加灵活和多样化。

第四，联想思维方法鼓励开放性的探索和实验。在联想思维过程中，人们可以尝试各种可能性，不断探索和实验，从而发现新的思维路径和解决方案。联想思维方法提倡在思考问题时放手一搏，勇于尝试新的想法和方法，以求得更好的结果。

总的来说，联想思维方法是一种具有开放性、创造性、灵活性和实验性的思维方式，通过将不同的事物或概念联系起来，激发新的理解和创意，帮助人们解决问题和实现目标。在日常生活和学习中，积极运用联想思维方法可以激发思维的活力和创造力，推动个人和社会的进步和发展。

2. 想象思维方法

想象思维方法是一种重要的思维方式，它指的是通过使用想象力和创造力来构建、探索和理解事物的一种思维方式。想象思维方法在日常生活和学习中不仅能够帮助人们解决问题和应对挑战，还能够激发创意和发现新的可能性。

第一，想象思维方法强调利用想象力构建新的概念和图像。通过想象力，人们可以将已有的知识和经验进行重新组合和重构，创造出新的概念和图像。例如，在解决问题或设计新产品时，人们可以通过想象力构想出各种解决方案或设计方案，从而找到最合适的解决方案。

第二，想象思维方法注重发掘潜在的可能性和未来的发展方向。通过想象力，人们可以预测未来的发展趋势和方向，探索潜在的机会和挑战。例如，在科学研究领域，科学家们常常利用想象力来构想新的理论和实验，从而推动科学知识的发展和进步。

第三，想象思维方法强调培养创造力和创新能力。通过想象力，人们可以产生新的想法和创意，发现新的解决方案和发明新的事物。想象力是创造力和创新能力的基础，它可以激发人们的创造性思维，帮助他们在各个领域中实现突破性的进步和发展。

第四，想象思维方法鼓励探索和实验。通过想象力，人们可以尝试各种可能性，不断探索和实验，从而发现新的思维路径和解决方案。想象思维方法提倡在思考问题时大胆尝试新的想法和方法，勇于面对挑战和失败，以求得更好的结果。

总的来说，想象思维方法是一种重要的思维方式，它通过使用想象力和创造力来构建、探索和理解事物，帮助人们解决问题、发现新的可能性和实现创新。在日常生活和学习中，积极运用想象思维方法可以激发思维的活力和创造力，推动个人和社会的进步和发展。

3. 模拟思维方法

模拟思维方法是根据对象客体的本质和特性建立或选择一种与对象客体相似的模型，通过研究模型来认识对象客体的方法。模拟的基本特征体现为：它不是直接研究对象本身，而是研究它的模型，在模型中获得有关原型的信息。

模拟是事物形象的反映，在主体明确原型的某种形象后，就会想起记忆中的某些形象材料，因而就会产生一种直觉悟性，将原型形象外推到某一模型形象中，这一过程就是模拟过程。数学模拟是对模型与原型之间在数学形式相似基础上进行的一种模拟方法，它根据数学形式的同一性来导出相似标准，而不是根据共同的物理规律推导。

数学中的模拟方法主要有经验模拟和暗箱模拟。首先，经验模拟是通过实际观察和实验来模拟数学问题的解决过程。这种方法要求学生或研究者进行实地观察、实验或实践，以获取关于数学问题的直接经验。例如，通过实际测量和观察几何图形的性质，或者通过数值计算来验证数学理论的正确性。经验模拟可以帮助学生更直观地理解抽象的数学概念，并培养他们的实践能力和观察力。其次，暗箱模拟是一种在脑海中进行的模拟过程，通过想象和推理来模拟数学问题的解决过程。在这种模拟中，学生或研究者将数学问题想象成一个"暗箱"，通过逻辑推理和想象力来探索其中的奥秘。例如，在解决代数方程时，可以通过设想各种解决方案，并进行逻辑推理来确定最终的解答。暗箱模拟强调思维的灵活性和创造性，可以帮助学生培养逻辑思维和解决问题能力。总的来说，模拟方法在数学学习和研究中具有重要作用，既可以通过实际操作来获取直观的经验，也可以通过想象和推理来进行抽象思维，从而加深对数学问题的理解，并培养学生的数学思维能力。

数学中形象思维方法的主要特征是形象性和跳跃性。形象思维方法的形象性表现在思维内容（思维对象、记忆的材料）是数学形象化材料，思维过程则是对这些形象材料的利用或处理，并形成更高级的形象，思维结果是通过感知形象刺激主体行为的结果。形象思维方法的跳跃性表现在利用已有形象上升到高级形象时，不但没有严格规则和充分理由，而且不受形式逻辑规律的控制和约束，具有自发性或跳跃性。应该指出，数学中的逻辑思维方法和形象思维方法尽管是不同的思维方法，但它们的思维过程和思维结果是相互联系、相互补充的。一方面，逻辑思维方法具有理性的抽象性和推演性，但并非没有形象的支配，抽象是对感知形象材料的加工和概括，推演更含有形象因素；另一方面，形象思维方法尽管具有思维的简缩，但思维的结果具有预示性或猜测性，需要运用逻辑思维方法加以修正和补充。要指出的是，形象思维方法是基础，它对逻辑思维方法的运用具有预示和启发功能，它能提高逻辑思维方法应用的空间和背景。逻辑思维方法是主导，它对形象思维方法具有指导和修正的功能，为形象思维方法提供真实材料。在数学思维方法中，形象思维方法的作用在于引入思维材料，提供思维方向，形成主体认识的雏形；逻辑思维方法的作用则是整理思维材料，修正思维关系，加深主体认识，形成思维结果。所以，二者在数学运用中是紧密结合、相互补充的。

在数学的学习和应用中，常常提到数学直觉思维和数学直观思维，它们都属于形象思维范畴，但也有自己的特点。直觉思维是由形象刺激知觉产生的一种思维形态，由观察形成的印记带有判断的成分，直觉尽管"突如其来"，但并不是神秘莫测的东西。直观思维也是人脑对客观事物及其关系的一种直接的识别或猜想的思维形式，既有深刻的形象思维特点，又有强烈的抽象思维特点。直觉思维与直观思维都是常规的数学思维形式，具有发现的功能。

（二）形象思维培养

数学形象思维的培养只有建立在具有一定的数学基础知识和掌握一定的数学方法之上才能产生效果。数学教学活动中，只有不断地巩固数学基础，提高数学技能，才更有利于培养形象思维。

大脑右半球喜欢整体、综合和形象的思维，右半球是形象思维中枢，它的思维材料侧重于知识和问题的形象、直观形象和空间位置等。在开发右半球的潜能时，主要就是利用形象记忆和形象思维活动，这是开展右脑训练的基本原则。另外，使知识形象化、直观化有利于培养形象思维。

1. 积累丰富的形象材料

学生头脑中数学形象材料的来源主要是教材中的概念、命题和例题。为了培养学生的数学形象思维，教师应该引导学生养成认真读书的习惯，明确概念的定义方法，掌握命题的推导过程，以及学习例题的格式要求。此外，学生还应坚持练习教材中的习题，以巩固最基本的数学能力，并尽量扩大对数学知识和关系的形象掌握。在这个过程中，学生应该有意识地思考和自定义知识形象，并广泛积累表象材料，丰富表象储备。教师在教学中也应帮助学生记忆数学形象材料，包括直观形象、口诀形象、动作模式形象、数学的符号系统和图形语言等。

在数学活动中，问题情境的创设可以激发学习动机，但更重要的作用是激发形象思维。因为问题以某种形式存在，它的结构、语言等都会释放出多种信息，其中整体和直观细节的信息就会被直观思维捕获，从而打开联想的思路，唤起已储存的经验，提供逻辑思维的推理方向，加快问题的解决速度。启发直觉、挖掘数学美感也是积累数学形象材料的方法。数学美主要表现为数学本身的简单性、对称性、相似性与和谐性。美的观点一旦与数学问题的条件和结论的特征结合，思维主体就能凭借已有的知识和经验产生审美直觉，从而确定解题总体思想和入手方向。

丰富的表象储存对形象思维和抽象思维都有帮助，它提供了丰富的背景材料，有助于学生进行整体思考。数学形象思维的重要特征之一就是思维形式的整体性。对于面临的问题情境，首先从整体上考察其特点，着眼于从整体上揭示事物的本质与内在联系往往可以激发形象思维，从而导致思维的创新。

2. 引导学生寻找和发现事物的内在联系

数学知识是一个广阔而复杂的系统，其内部各个分支和概念之间存在紧密的亲缘关系。要深入了解这些数学知识的内在联系，我们首先需要明确数学知识的整体特征和概括性特点。

首先，数学知识的整体特点表现在其系统性和严密性上。数学是一门严密的科学，其知识体系由一系列严格的定义、公理、定理和推理构成。这些知识构成了一个完整的逻辑体系，彼此之间存在密切的逻辑联系和依赖关系。在学习和研究数学过程中，我们需要全面理解和掌握这些知识，才能够将其准确地应用于解决具体问题。

其次，数学知识的概括性特点表现在其普适性和抽象性上。数学是一门普适的科学，其知识不仅适用于具体的问题和情境，还能够被推广应用于各种不同的领域和学科。这是因为数学知识的抽象性使其具有广泛的适用性，它可以描述和分析现实世界中的各种现象和规律，从而为人类认识和改造世界提供强有力的工具和方法。

在了解数学知识的整体特征和概括性特点的基础上，我们可以进一步探讨其内在联系。数学知识的内在联系主要表现在以下三个方面：

第一，数学知识之间存在逻辑上的相互依存关系。在学习和研究数学的过程中，我们常常会发现某些概念和定理之间存在直接或间接的逻辑联系。例如，在代数学中，我们需要掌握基本的代数运算规则才能够正确地应用分配律、结合律等定理进行计算。这些逻辑上的依存关系使数学知识构成了一个相互关联的整体。

第二，数学知识之间存在内在的相似性和类比关系。在数学的不同分支和领域中，我们常常会发现一些相似或相关的概念和定理。通过比较和类比这些知识，我们可以更深入地理解它们的本质和内在联系。例如，在微积分学中，我们可以通过比较导数和微分的定义和性质，来深入理解它们之间的关系，并且将这些知识应用于解决各种不同的问题。

第三，数学知识之间还存在因果关系和推理关系。在数学的推理和证明过程中，我们常常需要根据已知的前提和条件，通过一系列逻辑严密的推理步骤得到结论。这些推理关系和因果关系使数学知识具有了逻辑上的严密性和可靠性，从而为我们提供了一种科学的方法和思维模式来认识和解释世界。

总的来说，数学知识是一个具有亲缘关系的系统，其内部各个分支和概念之间存在复杂而紧密的内在联系。只有深入理解这些内在联系，我们才能够全面地掌握和应用数学知识，从而更好地解决实际问题和推动科学的发展。

四、数学创造性思维活动的四个阶段和产生条件

（一）数学创造性思维活动的四个阶段

针对数学创造性思维的过程，许多著名心理学家都提出了各自的划分思想。现代创造发明学已经证实，人类的创造性思维活动大体可分为以下四个阶段：

1. 选择与准备阶段

在选择阶段，个体需要确定问题的范围、方向和目标，以便有针对性地开展创造性思维活动。这涉及对问题的分析和理解，明确解决问题的重点和关键，从而引导思维活动朝着正确的方向发展。

在准备阶段，个体需要积累相关的知识、经验和技能，以便在创造性思维活

动的过程中能够充分地运用和发挥。这包括了解问题背景、掌握相关领域知识以及解决问题所需的方法和技巧等方面的准备工作。此外，还需要培养解决问题的信心和勇气，以应对遇到的困难和挑战。

在选择和准备阶段，个体需要做出合理的决策和安排，以确保创造性思维活动能够顺利进行并取得理想的效果。这既需要对问题进行深入的思考和分析，又需要充分利用已有的资源和条件，从而为创新的实现奠定坚实的基础。

2. 酝酿与构思阶段

这一阶段涉及思维的准备、筹划和构想，为创造性思维活动的开展提供了基础和方向。

首先，酝酿阶段是指个体对问题或挑战进行深入的思考和探索，以准备开展创造性思维活动。这包括对问题的分析、归纳和总结，寻找解决思路和方法，并确定适合的创新方向。在这个阶段，个体会利用已有的知识和经验，进行头脑风暴或思维导图等活动，以激发创造性思维的火花。

其次，构思阶段是指个体根据酝酿阶段的准备工作，开始着手具体的构想和规划，以确定创造性思维活动的具体步骤和实施方案。这包括对解决方案的细化和具体化，确定所需的资源和条件，以及制订实施计划和时间表等。在这个阶段，个体会进行更加系统和深入的思考，并进行模拟和试验，以验证和完善构想的可行性和有效性。

总的来说，酝酿与构思阶段为数学创造性思维活动的展开提供了坚实的基础和明确了方向。通过深入地思考和筹划，个体可以明确问题的本质和关键，找到创新的思路和方法，并制订有效的实施计划，从而更好地应对挑战和问题，实现创造性的成果。

3. 顿悟与突破阶段

这一阶段标志着个体对问题或挑战的理解达到了一个新的高度，从而带来了创新性的思维和解决方案。

首先，顿悟是指个体突然领悟问题的本质或解决方案的关键，产生了新的见解和认识。这种顿悟往往是在前期准备和思考的基础上，由于灵感的闪现或思维的跳跃而达到的，具有突然性和不可预测性。在这个阶段，个体会经历一种豁然开朗的感觉，伴随着对问题的深刻理解和对解决方案的清晰构想。

其次，突破是指个体基于顿悟的理解和认识，将其转化为创新性的思维和行动，实现对问题的突破性解决。这包括将顿悟的见解具体化为解决方案的步骤和方法，并通过实际的实验和验证来证明其可行性和有效性。在这个阶段，个体会面临各种挑战和困难，但凭借对问题的深刻理解和对解决方案的坚定信念，最终取得突破性的成果。

总的来说，顿悟与突破阶段是数学创造性思维活动中的关键时刻。通过顿悟，个体得以突破传统思维的束缚，开拓了新的认知空间；通过突破，个体实现了对问题的深度理解和创新性解决方案的获得，为数学的发展和进步做出了重要贡献。

4. 整理阶段

在数学创造性思维的结构中，整理阶段标志着个体对已有的思维成果进行系统梳理、归纳和整合，以确保创造性思维的有效性和可持续性。

在整理阶段，个体将通过顿悟与突破阶段所获得的新见解、新认识和解决方案进行深入分析和整合。这一过程包括以下几个关键步骤：

首先，个体将全面回顾和审视顿悟和突破阶段的成果，以确保对问题和解决方案的理解没有遗漏或偏差。通过回顾和审视，个体可以更好地厘清思路，找出已有成果的优点和不足之处。

其次，个体将对已有的思维成果进行系统归纳和整理。这包括对相关概念、方法和结论进行分类和总结，以便于后续进一步分析和应用。通过归纳和整理，个体可以将零散的思维成果转化为系统化的知识结构，提高创造性思维的系统性和条理性。

再次，个体将对已有成果进行深入思考和分析，以发现其中的潜在联系和规律。这包括对问题和解决方案进行深度挖掘和探索，发现其中的内在逻辑和相互关系。通过深入思考和分析，个体可以进一步提炼思维成果，拓展思维的广度和深度。

最后，个体将对整理后的思维成果进行总结和反思，以及时发现和纠正其中的错误和不足。这包括对思维过程和方法的评估和改进，以确保创造性思维的持续进步和提高。通过总结和反思，个体可以不断完善自己的思维结构，提高创造性思维的质量和效率。

总的来说，整理阶段是数学创造性思维活动中不可或缺的一个环节。只有通过系统梳理、归纳和整合，个体才能够充分发挥已有思维成果的潜力，实现对问题的深度理解和对解决方案的创新性应用。

（二）数学创造性思维的产生条件

数学创造性思维的产生和发展需要具备一系列条件，这些条件相互作用、相辅相成，共同促进创造性思维的表现和发挥。

首先，具有丰富的知识经验和良好的知识结构是产生数学创造性思维的基础。这包括具有数学及其他学科领域的丰富知识和对知识的灵活运用能力。创造性思维需要依托储存在大脑中的各种知识和经验，并通过辨认、选择和重新组合这些知识和经验来进行思维活动。

其次，具有思维的高度灵活性是产生数学创造性思维的必要条件。高度的灵活性使个体能够从多个角度、多个层次和多个方面思考问题，冲破旧观念和思维定式的束缚，从而产生新的思维和新的见解。

再次，具有发现问题的强烈意识和执着的探索精神是数学创造性思维的驱动力。个体需要具备对问题的敏感性和发现问题的意识，以及持之以恒、勇于探索的精神，才能不断发现问题、提出问题，并努力寻找解决问题的方法和答案。

最后，具备良好的非智力因素品质也是数学创造性思维的重要支撑。这包括学习研究的心理品质，如动机、情感、兴趣、抱负、态度、品德等。这些品质能够激发个体的学习和研究热情，推动个体持续不断地进行创造性思维活动，为数学的发展做出积极贡献。

综上所述，数学创造性思维的产生和发展需要具备丰富的知识经验、高度的灵活性、发现问题的意识和执着的探索精神，以及良好的非智力因素品质。这些条件共同作用、相互促进，才能够有效地激发和发挥个体的创造性思维能力。

参考文献

[1] 赵彦玲.高等数学教学策略研究 [M].长春：吉林教育出版社，2019.

[2] 杨丽娜.高等数学教学艺术与实践 [M].北京：石油工业出版社，2019.

[3] 江维琼.高等数学教学理论与应用能力研究 [M].长春：东北师范大学出版社，2019.

[4] 靳艳芳.高等数学推理思维的教学研究 [M].长春：吉林教育出版社，2019.

[5] 甘静.高等数学教育与教学创新研究 [M].哈尔滨：哈尔滨地图出版社，2019.

[6] 王成理.高等数学教育教学创新研究 [M].长春：吉林教育出版社，2019.

[7] 王道乾，杨秋霞，晏华应.高等数学 [M].武汉：武汉理工大学出版社，2019.

[8] 欧阳正勇.高校数学教学与模式创新 [M].北京：九州出版社，2019.

[9] 田园.高等数学的教学改革策略研究 [M].北京：新华出版社，2018.

[10] 赵丹.高等数学教学理论与应用能力研究 [M].长春：吉林出版集团股份有限公司，2018.

[11] 宋玉军，周波.高等数学教学模式与方法探究 [M].长春：吉林出版集团股份有限公司，2022.

[12] 程艳，车晋.高等数学教学理念与方法创新研究 [M].延吉：延边大学出版社，2022.

[13] 吴海明，梁翠红，孙素慧.高等数学教学策略研究和实践 [M].北京：中国原子能出版传媒有限公司，2022.

[14] 殷俊峰.高等数学教学的理论与实践应用研究 [M].长春：吉林出版集团股份有限公司，2022.

[15] 杜建慧，卢丑丽.高等数学的教学与实践研究 [M].延吉：延边大学出

版社，2022.

[16] 孟玲．高等数学教学理论及其研究［M］．长春：吉林大学出版社，2022.

[17] 黄梅花．高等数学教学思维导图应用研究［M］．长春：吉林大学出版社，2022.

[18] 余亚辉，魏巍，李振平．高等数学课程思政教学设计［M］．北京：中国建材工业出版社，2022.

[19] 李淑香，张如．高等数学教学浅析［M］．天津：天津科学技术出版社，2021.

[20] 蒋百华．高等数学教学的方法与策略［M］．沈阳：辽宁大学出版社，2021.

[21] 朱贵凤．高等数学［M］．北京：北京理工大学出版社，2021.

[22] 李向明，杨丽华．高等数学［M］．北京：北京邮电大学出版社，2021.

[23] 张欣．高等数学教学理论与应用研究［M］．延吉：延边大学出版社，2020.

[24] 李燕丽，刘桃凤，冀庚．立德树人在高等数学教学中的实践［M］．长春：吉林大学出版社，2020.

[25] 李奇芳．高等数学教育教学研究［M］．长春：吉林出版集团股份有限公司，2020.

[26] 陈业勤．高等数学课程与教学论［M］．西安：西北工业大学出版社，2020.

[27] 吴建平．高等数学教育教学的研究与探索［M］．哈尔滨：哈尔滨地图出版社，2020.

[28] 储继迅，王萍．高等数学教学设计［M］．北京：机械工业出版社，2019.

[29] 范林元．高等数学教学与思维能力培养［M］．延吉：延边大学出版社，2019.

[30] 都俊杰．高等数学教学实践研究［M］．长春：东北师范大学出版社，2019.